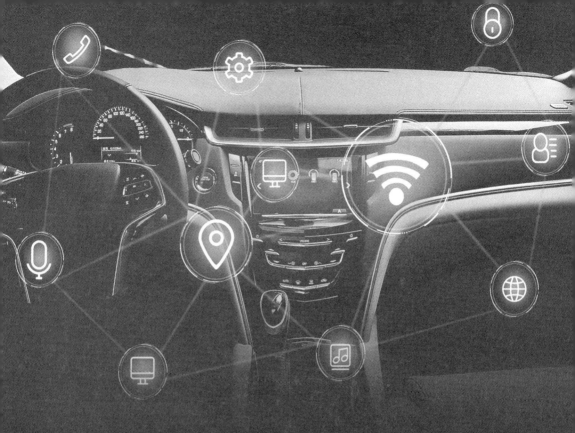

自主车辆导航
从行为到混合多控制器体系结构

AUTONOMOUS VEHICLE NAVIGATION:
FROM BEHAVIORAL TO HYBRID
MULTI-CONTROLLER ARCHITECTURES

［法］路易斯·阿杜安（Lounis Adouane）◎著

龚建伟　戴　斌◎译

CRC Press
Taylor & Francis Group

北京理工大学出版社
BEIJING INSTITUTE OF TECHNOLOGY PRESS

图书在版编目（CIP）数据

自主车辆导航：从行为到混合多控制器体系结构/（法）路易斯·阿杜安著；龚建伟，戴斌译. —北京：北京理工大学出版社，2020.7

书名原文：Autonomous Vehicle Navigation：From Behavioral to Hybrid Multi - Controller Architectures

ISBN 978 - 7 - 5682 - 8760 - 9

Ⅰ.①自… Ⅱ.①路… ②龚… ③戴… Ⅲ.①车辆 – 无线电导航 Ⅳ.①V556

中国版本图书馆 CIP 数据核字（2020）第 132493 号

北京市版权局著作权合同登记号　图字：01 - 2017 - 3066 号

Autonomous Vehicle Navigation：From Behavioral to Hybrid Multi - Controller Architectures / by LounisAdouane / ISBN：978 - 1 - 4987 - 1559 - 1

Copyright@ 2016 by Taylor & Francis Group, LLC.

出版发行 / 北京理工大学出版社有限责任公司

社　　址 / 北京市海淀区中关村南大街 5 号

邮　　编 / 100081

电　　话 / （010）68914775（总编室）
　　　　　 （010）82562903（教材售后服务热线）
　　　　　 （010）68948351（其他图书服务热线）

网　　址 / http：//www.bitpress.com.cn

经　　销 / 全国各地新华书店

印　　刷 / 三河市华骏印务包装有限公司

开　　本 / 710 毫米 × 1000 毫米　1/16

印　　张 / 16　　　　　　　　　　　　　　　　　责任编辑 / 孙　澍

字　　数 / 270 千字　　　　　　　　　　　　　　文案编辑 / 孙　澍

版　　次 / 2020 年 7 月第 1 版　2020 年 7 月第 1 次印刷　责任校对 / 周瑞红

定　　价 / 96.00 元　　　　　　　　　　　　　　责任印制 / 李志强

译者序

自主导航与控制技术是地面无人车辆、自动驾驶、机器人等领域的关键基础技术，本书主要介绍了自主导航控制多控制器理论与方法及其体系结构，总结了作者 Lounis Adouane 博士及其团队多年的研究成果。本书应用领域包括单个移动机器人/自主地面无人车辆自主导航控制技术，同时在多机器人系统方面进行了拓展，基本包括了目前移动机器人/地面无人车辆自主导航控制涉及的技术领域和理论概念。

除作者 Lounis Adouane 博士自己介绍的特点外，通过对本书内容的阅读和应用，我们认为本书还有以下几个特点：

- 在理论方法上，对相关方法稳定性进行了证明或说明。这一点对从事理论、技术和方法研究的读者有借鉴意义；
- 作者对自己提出的方法与移动机器人领域的很多方法进行了对比分析，如果能够认真阅读本书，基本可以了解移动机器人包括多机器人系统的领域研究现状，特别是有哪些常用的方法；
- 作者对相关方法提供了算法伪代码或程序代码，并且可以找到相关仿真和实验测试视频。

我们在翻译本书的过程中，也尝试将本书作为辅助教材。在北京理工大学机械与车辆学院"智能车辆基础"研究生课程教学活动中，要求学生完成阅读，对研究生了解移动机器人和地面无人车辆自主导航控制技术有很大帮助。因此，我们建议学习无人车技术、移动机器人技术的读者可以把本书作为学习参考材料。

除封面署名译著作者，下列老师和研究生参与了本书的翻译和校对工作，其中第 1 章：熊健、光昊、张楫、王文豪、陈宏宇；第 2 章：李志炜、周小钧、何定波、孙艺珊、邳慧；第 3 章：丁泽亮、邢济垒、张艺超、黄卓然、张瑾；第 4 章：季开进、钟心亮、陈旭、宋慧新、刘稀杉；第 5 章：杨磊、杨军、王侃、蒋新柱、丁勇强；第 6 章：

柳文斌、赵万邦、秦保庆、刘忠泽。出版社编辑老师在编校过程中做了大量工作。对所有付出努力的老师和同学们表示衷心的感谢。和本书相关的参考资料我们会更新在下面的网址：

http://www.ivedu.cn/page/download

龚建伟
2020 年 6 月于北京

2

前言

本书将重点介绍自 2006 年 9 月开始，我作为副教授在法国 Polytech Clermont-Ferrand Institut Pascal UMR CNRS 6602（France）开展的研究工作成果。当然，不会泛泛地描述自 2006 年以来的所有工作内容，而只专注于其中最重要的进展和结果，同时突出了导致不同结果的创新科学方法[1]。研究重点是如何提高单个移动机器人和多移动机器人系统完成复杂任务的自主控制能力，更确切地说，主要目标是完善已有的通用控制架构，以提高在复杂（如混杂、不确定/动态）环境中自主导航的安全性、灵活性和可靠性。提出的控制架构（决策/行动）包括紧密关联的三个要素：任务建模、规划和控制。本书主要介绍其中有可能应用多控制器架构的内容[2]。事实上，使用这种类型的控制允许我们突破要执行的整体任务的复杂性，并可能带来自下而上的发展。这将意味着我们可以开发合适可靠的基本控制器（避障、目标达到/跟踪、队形保持等），而且还能提出适当的机制来管理这些多控制器架构的相互作用，同时满足不同的系统约束，并提高与整体控制系统的安全性、灵活性和可靠性相关的性能指标。

虽然开发的概念、方法、架构可以应用于不同的领域（如服务机器人或农业），但应用重点仍然是交通领域，包括乘用车（私家车或公共交通工具）和商用车（如仓库、港口）等领域。针对简单的机器人实体（如 Khepera 机器人建模为单轮车），以及大型机器人（如 VIPALAB 车辆建模为三轮车），都提出了不同的解决方案。本书不但在理论方面进行了详述，而且通过仿真实验证明了所采用方法的有效性。

---

1. 细节详见本书参考文献中的发表论文、本人指导的学位论文以及项目报告等。

2. 最初在文献中称为行为控制体系结构（参见 1.4 节）。

致谢

虽然不能将他们的名字全部列在这里，但是如果没有家人、朋友、学生和同事对我的帮助和支持，这本书是不可能完成的。

首先要感谢的是本书研究工作中的密切合作者。特别感谢我在读的和已经毕业的博士研究生们，按姓氏字母顺序依次为：Ahmed Benzerrouk、Suhyeon Gim、Bassem Hichri、Guillaume Lozenguez、Mehdi Mouad 和 José Miguel Vilca Ventura。

我也要感谢 Pascal/IMobS3 研究所的所有同事给予的宝贵交流和支持。这些并不是全部名单，只是他们中的一部分：Omar Ait-Aider、Nicolas Andreff、François Berry、Pierre Bonton、Roland Chapuis、Thierry Chateau、Jean-Pierre Derutin、Michel Dhome、Jean-Christophe Fauroux、Philippe Martinet、Youcef Mezouar 和 Benoit Thuilot 等。

同时，我也要感谢国外的同行们，主要是 Djamel Khadraoui（LIST-Luxembourg，卢森堡科学技术研究院）、Sukhan Lee（ISRI-South Korea，韩国智能系统研究所，见：http：// www. sdas. org/kydt/3373. htm）、Antonios Tsourdos 和 Andrzej Ordys（分别来自英国的克兰菲尔德大学和金斯顿大学）、Carlos Sagues（西班牙阿拉贡工程研究所 I3A）、Helder Araujo（CRVLAB-Portugal，葡萄牙科英布拉大学计算机与机器人视觉实验室）。还要感谢下列授权给我使用他们作品中相关资料（包括图像、参考文献等）的同行们，包括：布鲁塞尔自由大学的 Marco Dorigo 教授（比利时）、慕尼黑国防军大学的 Ernst D. Dickmanns 教授（德国）、约克大学的 Michael R. M. Jenkin 教授（加拿大）、东北大学的 Satoshi Murata 教授（日本）和 Yasuhisa Hirata 教授（日本）。

在此还要特别感谢在 CRC 出版社/Taylor & Francis 集团工作的几位工作人员，他们为本书的写作和出版做出了重要贡献：Sarah Chow（副策划编辑）、Randi Cohen（高级策划编辑）、Donley Amber（项目协调员）和 Michael Davidson（项目编辑）。

　　最后强调一点，本书中的大量研究都得到由法国国家研究署（ANR，French National Research Agency）和法国环境与能源管理署（ADEME，Agence de l'Environnement et de la Maîtrise de l'Energie）主导的法国政府未来投资计划资助，在此特别致谢。

作者介绍

作者 Lounis Adouane 自 2006 年以来在法国 Institut Pascal-Polytech Clermont-Ferrand 担任副教授。2001 年在 IRCCyN-ECN Nantes 获得硕士学位，研究方向为腿式移动机器人控制技术。2005 年，在 UFC Besançon 的 FEMTO-ST 实验室获得自动控制学科博士学位。在攻读博士学位期间，对多机器人系统进行了深入研究，尤其是那些与自下而上和反应控制架构相关的领域。此后，2005 年进入 INSA Lyon 的 Ampère 实验室，开展以移动机械臂协作控制为背景的混合（连续/离散）控制架构研究。2014 年，在英国克兰菲尔德大学和金斯顿大学的两个机器人实验室里担任了 6 个月的访问教授。Adouane 博士的主要研究和教学活动都与机器人、自动控制和计算机技术有关。他目前的研究课题主要涉及复杂环境中移动机器人自主导航和多机器人系统的协作控制架构两个方面。自 2006 年以来，他单独或合作发表了 60 余篇论文或其他文献，内容主要涉及以下领域：自主移动机器人/车辆；复杂系统控制；多控制器架构；混合（连续/离散）和混合（反应/认知）控制架构；基于李雅普诺夫的合成和稳定性；避障（静态和动态）；极限循环方法；目标达到/追踪；协作式多机器人系统；编队导航（虚拟结构模式、领航–跟随模式）；任务勘探协作；运输任务协作；任务分配；任务竞拍协调；运动学约束；约束控制；最优规划；连续曲率路径；回旋曲线合成路径；速度规划；路径生成；多标准优化；人工智能（如马可夫决策过程、多智能体系统、模糊逻辑等）；多机器人/智能体仿真。

概　　述

Everything should be made as simple as possible, but not simpler.
—Albert Einstein
凡事应力求简单，但不能过于简单。
—阿尔伯特·爱因斯坦

1. 研究背景

我的博士论文［Adouane, 2005］是在 LAB（Labortaoire d'Automatique de Besançon, France）的微小型机器人研究小组完成的，其研究目标是控制一组称之为 ALICE［Caprari, 2003］（尺寸为 2 cm × 2 cm × 2 cm）的简约移动机器人协作完成特定的任务，其中包括 CBPT[①]（Cooperative Box‑Pushing Task）任务（协作推箱任务，参见图1（a））。这些极简结构机器人系统带来的约束以及完成协作任务的特性（旨在控制移动微型机器人群的导航和交互），促使我们开发了若干机制/想法来处理这种高度动态系统。事实上，在推箱任务中，紧邻箱子的一群微型机器人之间的交互程度非常高，需要在既没有高度认知/规划（参见 1.3.2 节），也没有集中控制（参见 1.3.3 节）的情况下解决［Adouane, 2005］。因此，我们提出完全反应式和去中心化的行为控制架构，来考虑这种高度动态群体机器人控制相关的不同约束影响。更确切地说，我们提出一种层次化的行为选择过程（HASP, Hierarchical Action Selection Process），该过程可对刺激‑反应机制和组成该控制架构的基本行为/控制器进行协调。然后，HASP 通过整合行动融合机制和动态增益适应机制［Adouane 和 Le Fort‑Piat, 2005］，形成混合层次化的行为选择过程（Hybrid-HASP）［Adouane 和 Le-Fort-Piat, 2004］。与基本的 HSAP 相比，其最后的协调过程更灵活、直观和可扩展，并且已经被证明它能很好地适用于控制高动态的多机器人系统。这个过程能够在个体机器人层面上，以分层和灵活的方式协调一组基

---

① 在群体机器人领域，为了研究反应和分散控制架构的相关性，CBPT 是享有特权的复杂任务之一［Parker, 1999, Yamada 和 Saito, 2001, Ahmadabadi 和 Nakano, 2001, Baldassarre 等, 2003, Muñoz, 2003］。

本控制器（行为）活动；并且在群体机器人层面上，协调机器人的相互作用以达到全局目标和期望的群体效应。另外，为了提高机器人的协作效率[Adouane, 2005]，我们提出的控制架构中引入了一种称为利他行为的特定低层次通信交互方式，该方式模拟了昆虫群体中个体之间的简单互动行为（吸引/排斥）[Bonabeau 等，1999]。

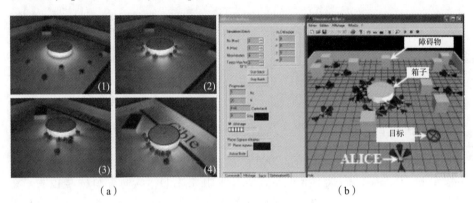

（a）   （b）

图1　（a）应用提出的控制体系结构实验：

利用 8 个迷你机器人 ALICE 将圆柱形物体推到指定终点区域；（b）MiRoCo 仿真环境

我们提出的控制机制是通过实际实验（参见图1（a））来进行验证的，但是基于 MiRoCo① 仿真环境（参见图1（b））获得的大量统计数据进行研究，进行了更为深入的验证。

所进行的统计研究表明，除了别的以外，存在实现推箱任务最佳数量的机器人，并强调了利他行为带来的隐式通信的重要性［Adouane 和 Le-Fort-Piat, 2004］（译者注：隐式数据转换可参考 C 语言 implicit 关键字理解）。需要强调的是，在博士论文［Adouane, 2005］中采用这种方法时，还没有其他分析技术可以证明所提出的控制/策略的实际可靠性。为了证明该方法的有效性，使用统计学方法进行分析研究是必需的步骤［Bonabeau 等，1999］。

虽然在博士期间获得的结果对于控制一个高度动态多机器人系统是有效的，但是缺乏精确的分析，大大减少了可能使用提出的控制架构的范围，特别是如果目标任务需要机器人和人类之间的密切互动（如运输或者服务机器人任务），或者工业应用（如一组机器人协作完成的自动仓库管理/操作/运输）。

---

① MiRoCo（对于迷你机器人集体，参见参考文献［Adouane, 2005, 第七章]）是一个可靠的三维模拟器，专门用于合作的移动机器人。MiRoCo 给出了与机器人和环境之间相互作用相关联的比较好的不同物理约束的近似。

这样，我们认识到通过准确的稳定性/可靠性分析能够改进这些多控制器架构的性能，这些架构仍然有着很大的潜力可以挖掘（参见1.4节）。要实现这一点，可以在引入更多自动控制理论的同时，更好地掌握基本控制器开发方法及其交互原理，并通过实际应用来证明整体控制架构的可靠性。

2. 重要研究领域和本书结构

本书提出的主要思想和方法都围绕着提升多控制器架构①性能，主要研究目的是尽可能地实现在高度动态和混杂环境中机器人完全自主导航。实际上，使用这种控制架构能够降低整体任务在执行过程中的复杂性，实现自下而上的控制系统开发。书中将介绍如何应用所提出的技术、概念和方法来解决不同的复杂移动机器人任务。这不但意味着开发较为可靠的基础控制器（避障、目标达成/追踪、编队维护等）成为可能，而且在确保满足不同的系统约束和提高整体控制的安全性、灵活性和可靠性指标的同时，也可以采取适当的机制去管理这些多控制器架构的相互影响。

此外，为了提高移动机器人系统的自主能力，本书还会介绍几项研究工作，涉及以下内容：子任务的建模、可靠避障、适度稳定目标达到/跟踪控制规则、短期和长期轨迹/路径点规划、序列路径点导航方法、群体机器人的协作控制和交互。全书共分为6章：

第1章　简要介绍了自主移动机器人领域的研究内容，同时突出了主要研究成果和面临的挑战。强调在本书中用到的主要概念、范例、动机和定义。目的是阐明这些概念，从而可以简化在书中其他部分的解释，在推导时有统一的参考定义。以下是其中部分内容：规划和控制的边界限制；与多控制器体系架构相关的益处和挑战性；研发控制架构涉及的反应/认知、集中/分散化②、灵活性、稳定性和可靠性等概念。

第2章　介绍一种用于避障控制器的重要导航控制算法。该避障控制器基于极限环（Limit-Cycles）的概念，非常安全灵活，可用于混杂环境中的自主导航。本章还将介绍本书中用于构建不同多控制器架构的重要基本模块，并对环境中障碍物的检测和表征方法进行简要的描述。

第3章　重点介绍提出的混合（连续/离散）多控制器架构（Hybrid$_{CD}$）在移动机器人混杂环境实时导航中的应用，也将介绍如何利用提出的稳定控制规则来实现目标到达/跟踪。本章的一个重要内容就是强调如何在所提出的架

---

① 最初在文献中称为行为控制体系结构（参见1.4节）。

② 值得注意的是，在参考文献中，认知和去中心化分别被称为审议和分布式控制架构。

构组成的不同基本控制器之间进行稳定平滑的切换。

第 4 章　提出的混合（反应/认知）控制架构（Hybrid$_{RC}$）允许我们根据环境信息（不确定/确定环境、动态/静态环境，等等），简单地确定何时激活管理反应式和认知式导航功能。该体系结构是基于同类设定点定义而建立的，同时结合了所有控制器共同遵循的适当控制规则。这一章将重点介绍提出的规划方法，主要是基于车型机器人的 PELC 方法。

第 5 章　强调在城市或混杂环境中，应用所提出的方法时，机器人实现安全可靠的导航，并不需要像其他文献普遍约定的那样强制要求机器人跟踪一条预先确定的轨迹。在本章中将提出在上述环境中仅仅使用离散路径点导航任务的新定义，并被应用于城市电动车辆。相比传统方法，这种方法可以降低计算成本，并且获得更为灵活的导航性能（主要是在混杂/动态环境中）。

第 6 章　专门介绍多机器人系统的控制方法。重点是动态多机器人系统在编队和协作策略上如何实现安全、可靠和灵活的导航。同时，也会简要介绍其他处理多机器人任务的研究情况（如"协同操纵和运输"和"不确定性探索"等）。

最后是本书研究内容的结论和展望。

目录

3

■ 第 *1* 章

智能移动机器人控制的概念和挑战

本章对自主移动机器人领域进行了综述，着重介绍了主要研究成果和所面临的挑战。在本书的其他章节还将对其主要概念、模型、动机和定义进行介绍。通过阐明这些概念，可以简化书中其他章节的解释，在推导和说明时有统一的参考定义。

1.1　自主智能移动机器人

在过去的几十年里，与移动机器人自主导航领域相关的研究变得越来越重要。我们的概述不可能涵盖所有关于自主移动机器人的研究、发展和项目。现今世界各地的许多实验室、公司、行业和新兴企业都已涉足这个实用的领域。

1. 机器人机动方式

根据工作空间和环境，机器人机动方式可以分为几种不同的类型，下面是几个最具代表性的例子：

（1）水下机器人，通常被称为自主水下车辆（AUVs，Autonomous Underwater Vehicles）（见图 1.1（a））。

（2）水上机器人，通常被称为无人水面车辆/无人艇/无人船（USVs，Unmanned Surface Vehicles）（见图 1.1（b））。

（3）空中机器人，通常被称为无人驾驶飞行器（UAVs，Unmanned Aevial Vehicle s）或无人机（见图 1.1（c））。

（4）地面机器人，通常被称为地面无人车辆（UGVs，Unmanned Aerial Vehicles）。另外，地面无人车辆可以使用不同的装置来移动，比如腿（见图 1.1 （d））、轮子（见图 1.1 （e））或者一些特殊车轮［Siegwart 等，2011；Seeni 等，2010］，比如履带轮［Wu 等，2014］或在好奇号上使用过的车轮（见图 1.1 （f））。

图 1.1　不同种类的移动机器人运动方式

（a）AQUA 仿生水下机器人（KPOY 版）［Speers 和 Jenkin，2013］；

（b）Zyvex 公司的 Piranha 水面无人艇；（c）Fly-n-Sense 公司的无人机；

（d）波士顿动力公司的两台 LS3s；（e）第一个两轮自平衡椅 Genny，灵感来自 Segway；

（f）探索火星的好奇号机器人（美国国家航空航天局）

本书主要以轮式地面无人车辆为研究对象，移动机器人一般是指地面无人车辆，否则将明确说明。更确切地说，重点是介绍地面无人车辆（单个机器人或多机器人实体）自主导航控制，针对的环境也主要是高度混杂和动态的环境（2.1 节）。在采用的研究方法论上，如果提出的控制体系在较为复杂且约束较多的环境中是可靠的，在一个约束较少的环境中则会更加可靠。

地面无人车辆的自主导航可用于不同的任务和领域，例如，区域监视 [Borja 等，2013；Memon 和 Bilal，2015]，未知环境地图创建 [Lategahn 等，2011；Fernández-Madriga 和 Claraco，2013]，人员搜索和救援 [Murphy，2012；Simpkins 和 Simpkins，2014]，区域探索 [Seeni 等，2010；Alfraheed 和 Al-Zaghameem，2013]，军事 [Voth，2004；Springer，2013]，农业 [Guillet 等，2014；Lu 和 Shladover，2014]，服务机器人 [Goodrich 和 Schultz，2007；Güttler 等，2014]，交通运输 [Takahashi 等，2010；Vilca 等，2015a]，等等。

尽管研究的概念、方法和架构可以应用于上述不同的任务和领域，但是交通运输领域仍然是我们专注的主要目标。交通运输业包括客运（私家车或公共运输）以及货运（如仓库或港口）。

2. 近期历史背景

拥有无人驾驶汽车的愿望并不新鲜。事实上，1939 年，在纽约由通用汽车公司赞助的未来世界展览会上，宣布了在高速公路上运行无线遥控汽车的设想。在对这一领域开展更深入的探索之前，让我们先来了解一些重要的历史性时刻，这些事件都与地面无人车辆的结构和功能相关。

1949 年：第一台移动机器人是 W. Grey Walter 在 1949 年研发的。它有三个轮子，是龟形机器人（Elmer 和 Elsie），带有光传感器和触觉传感器、驱动电机和转向电机，以及两个真空管模拟计算机 [Walter，1953]（见图 1.2 (a)）。该系统可以使该龟形机器人在房间里"漫步"，并返回充电站。[译者注：龟形机器人 Elmer 和 Elsie 分别被称作自主移动机器人的亚当和夏娃，Walter 被称为自主移动机器人之父，此后，这一领域逐渐成为热点。]

1967 年：斯坦福研究所（SRI，Stanford Research Institute）开发了第一台具有嵌入式自我感知和控制系统的复杂移动机器人 Shakey [Wilber，1972]（见图 1.2 (b)）。1977 年法国的分析和架构系统实验室（LAAS）也开发出第一款具有相同成熟度的移动机器人 Hilare。

1987 年：德国慕尼黑联邦国防军大学（Buncleswehr University Munich 简称 UniBwM）在空旷的高速公路上测试了全球第一辆无人驾驶汽车 VaMoRs（自动驾驶和计算机视觉导航，见图 1.2 (c)），车速约为 60 km/h。VaMoRs 有许

3

多特殊功能，在1985—2004年间充当了联邦国防军大学三代视觉系统的测试平台，并且在具有视觉感知能力的道路车辆领域体现出了很高的水准。其自主导航主要是用视觉和概率统计方法完成的。这对自主移动机器人技术来说是一个里程碑式的工作，汽车行业也提高了对这一新兴技术应用的兴趣。

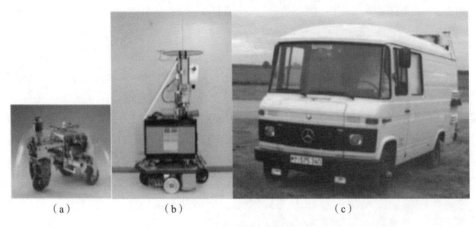

（a）　　　　　　　　　（b）　　　　　　　　　（c）

图1.2　地面无人车辆近期发展历史

（a）1949年 W. Grey Walter 的龟形机器人；（b）1967年移动机器人 Shakey；
（c）1987年 VaMoRs 无人车

3. 相关重要项目简短介绍

虽然没有详尽列举自20世纪80年代以来围绕地面无人车辆的众多项目和研究计划，但是值得注意的是，欧洲和美国的几个相关项目都是围绕无人驾驶汽车开发的，这对科学界以及行业和公司都产生了巨大的影响。例如，1987—1995年，欧洲最高效率和空前安全交通计划项目（Eureka PROMETHEUS，PROgraMme for a European，Traffic of Highest Efficiency and Unprecedented Safety）是一个非常大的无人驾驶汽车研发项目［Williams，1988；EUREKA，1995］，涉及众多的大学和汽车制造商。2004年，美国国防部高级研究计划局（DARPA，Defense Advanced Research Projects Agency）举办了第一届 Grand Challenge 地面无人车挑战赛，该挑战赛在空旷非铺面道路环境中进行，要求按预定路线行进，并且路上的障碍物是已知的［DARPA，2015］；2007年，城市挑战赛（Urban Grand Challenge Race）［Thrun 等，2007；Buehler 等，2009］取得了巨大成功，比赛场地是一个96 km的城市道路环境。比赛规则包括遵守所有的交通规则，同时与其他交通参与者和障碍进行交互。该挑战赛参与车队的高成功率，在很大程度上确定了无人驾驶汽车中长期发展前景的实际可能性。

近年来，全自主驾驶汽车在交通运输领域的发展受到不同国家的更多关注［Burns，2013］，特别是 2010 年的谷歌无人驾驶汽车［Thrun，2011］（见图 1.3（a））和 2013 年意大利帕玛大学的 BRAiVE 无人车①，引起了公众的广泛关注。这两款车可以在不同的环境（乡村道路、高速公路、城市道路）下实现完全自主驾驶。

其他一些有趣的项目涉及车辆编队行驶，例如，组成车队可以在减少能源消耗的同时增强车辆的空气动力学性能（与骑行队类似），因为车队中所有的车辆都具有相同的速度，避免了过多加速和制动的可能性。这种编队协作和自动驾驶系统也有望为交通堵塞（减少或固定占用的空间）或安全问题提供解决方案［GCDC，2016］。这里举几个项目案例：七个欧洲国家参与的 SARTRE 计划②（见图 1.3（b））在 2012 年最终确定；我们将在 2016 年看到第二届合作驾驶挑战赛（GCDC［GCDC，2016］，见图 1.3（c））。2011 年 5 月，第一届车辆编队协作驾驶挑战赛在荷兰的赫尔蒙德举行，这一届挑战赛主要关注的是对车辆进行纵向控制的能力（编队）。在 2016 年的挑战赛中，除了横向控制外，编队协作驾驶成为主要焦点。等待参与车辆的挑战包括：在没有驾驶员干预的情况下，汇入车流以及在丁字路口进入拥堵道路的能力。如今，奔驰、通用、福特、戴姆勒、奥迪、宝马或尼桑③等主要的汽车制造商宣布将在十年之内销售无人驾驶汽车，但在此之前，一些重要的挑战依旧亟待解决（见 1.2 节）。

无人驾驶汽车不仅是我们熟知的汽车的代名词，更代表了其自主移动的能力。事实上，汽车行业和相关研究实验室在这一领域同步发展，像 VIPALAB（见图 1.3（d））等新一代地面无人车辆，其目标是在市中心或大公司、游乐场、机场等固定园区的各个区域之间自主运送乘客。该自主导航功能源自法国帕斯卡研究所（Institut Pascal）[译者注1-1]，是 2000 年以来最重要的应用成果之一。虽然导航环境通常是不同的，所有地面无人车辆进化的过程不会完全与谷歌无人车一样，但是它们在自主导航控制问题上是一致的。事实上，像谷歌无人车这类地面无人车辆必须在自主导航的同时考虑其他不同的事件（如交通信号灯和障碍物检测等）。通过在编队中进行地面无人车辆自主导航，目前已

5

---

① http：//www. braive. vislab. it/，于 2015 年 1 月查阅。

② SARTRE（SAfe Road TRains for the Environment）http：//www. sartre-project. eu/，于 2015 年 1 月查阅。

③ "实现自动驾驶系统是我们最大的目标之一，因为零死亡率与零排放可并列为日产研发的主要目标，" Mitsuuhiko Yamasahita（VP R&D NISSAN）。

经完成许多研发工作，如应用于城市、军事和农业环境的 SafePlatoon 计划①。事实上，VIPALAB 无人驾驶车辆已成为我们研究开发工作的专用实验平台之一（详见第 5 章和第 6 章）。

（a）　　　　　　　　　　　（b）

（c）　　　　　　　　　　　（d）

图 1.3　几种环境下的不同自主地面无人车辆

（a）谷歌无人车；（b）SARTRE 计划；

（c）GCDC 计划；（d）VIPALAB 汽车

1.2　全自主导航控制技术面临的挑战概述

研究无人驾驶车辆的目的是改善生活质量，同时减少污染和避免交通事故的发生 [Litman，2013；Fagnant 和 Kockelman，2015；Vine 等，2015]（例如，[Yeomans，2010] 认为 93% 的道路交通事故是由人为因素造成的）。此外，在未来的智能城市构想中，中心城区将会拥有（按需求供应②）共享绿色智能自动驾驶汽车，这将有效减少交通拥堵，可以看出当前的汽车行业正处于全面变革之中，众多企业家和科学家都投身于这一变革洪流。

---

① http：//web. utbm. fr/safeplatoon/，于 2015 年 1 月查阅。
② 值得注意的是，研究表明私人汽车仅在其使用寿命的 5% 时间内被利用。

对于汽车智能化程度的正式定义，本书参考了［SAE，2015］划分的 6 个等级，图 1.4 显示了从最低级（0 级"无自动化"）到最高级（5 级"完全自动化"门到门特性）的 6 个级别定义。本书中提到的成果主要是针对 4 级和 5 级的无人驾驶车辆。

要实现完全自主的移动机器人，关键在于掌握三个相互关联的层面：感知/定位、决策和控制执行。在感知/定位层面［Royer 等，2007］，必须构建一个相对简单的机器人环境模型，并且机器人能够根据本地的障碍物或全局环境信息进行局部或全局定位；在决策层面，使用该模型和定位方法生成合适的目标点，来实现事先分配的任务；最后在控制执行层面将这些目标点转换为对机器人执行机构的相应控制指令（使用合适的控制规律）［Adouane，2005］。我们的研究主要针对决策和控制执行层面。

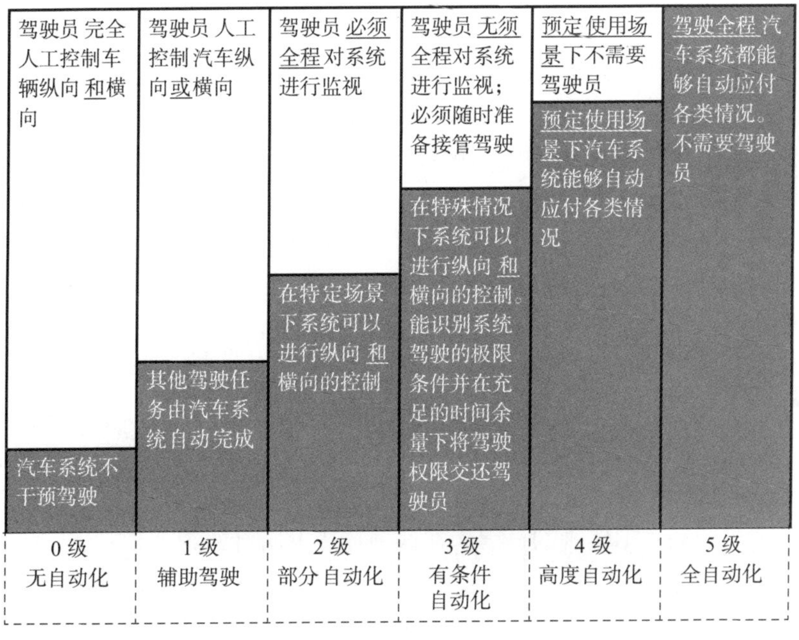

驾驶员 完全人工控制车辆纵向 和横向	驾驶员 人工控制汽车纵向 或横向	驾驶员 必须全程对系统进行监视	驾驶员 无须全程对系统进行监视；必须随时准备接管驾驶	预定 使用场景下不需要驾驶员	驾驶全程 汽车系统都能够自动应付各类情况。不需要驾驶员
			在特殊情况下系统可以进行纵向 和横向的控制。能识别系统驾驶的极限条件并在充足的时间余量下将驾驶权限交还驾驶员	预定 使用场景下汽车系统能够自动应付各类情况	
		在特定场景下系统可以进行纵向 和横向的控制			
	其他驾驶任务由汽车系统自动完成				
汽车系统不干预驾驶					
0 级 无自动化	1 级 辅助驾驶	2 级 部分自动化	3 级 有条件自动化	4 级 高度自动化	5 级 全自动化

图 1.4　汽车智能化程度的不同级别

为了增强车辆的自主性，通信方面也必须在无人驾驶车辆和它们的环境之间进行交互和保护（参见图 1.5。交通信号灯、行人、十字路口等）。实际上，信息交换实现了无人车之间和无人车与道路设备（基础设施）之间的相互协作。例如，通过对诸如事故和危险等即将到来的交通状况的早期预警，可以实现更高效、更安全的交通流。

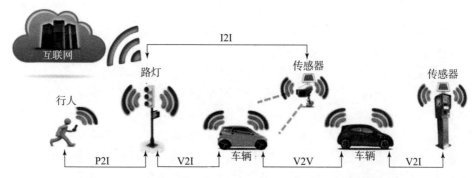

图 1.5　提高汽车自主性/安全性的不同通信功能

车联网（VANET）：车对车通信（V2V），车对道路设施通信（V2I），

道路设施对道路设施通信（I2I）和路人对道路设施通信（P2I）

［VANET，2015；Papadimitratos 等，2008；Toutouh 等，2012］

　　此外，一旦与无人车相关的所有技术/科学层面的问题能够很好地得到解决，制定相应的法律法规①［Gasser 等，2013；NHTSA，2013］也是至关重要的。事实上，关键在于如何明确界定交通事故的责任方（例如，过失可以归结于汽车制造商、乘客或工程师等）。在美国的一些州（如内华达州、佛罗里达州、加利福尼亚州），已经克服了不同的法律障碍，允许像谷歌无人车一样的智能车辆在公路上测试自主驾驶功能［Google Car，2015］。因此，如果没有无人车的明确法规，这些无人驾驶系统在日常生活中就无法普及。

　　目前一些无人驾驶系统已经在不同的领域应用，比如，在亚马逊公司的仓库中使用了 KIVA② 机器人系统以在最短时间内完成客户的订单（参见图 1.6 (a)），部署在一个由 TEREX 公司③构建的港口中（见图 1.6 (b)）或伦敦希思罗机场④作为机场的摆渡车（见图 1.6 (c)）。然而，所有这些应用都是在封闭和可控的场景下实现的，因为在这种环境下所有的约束和实体障碍都是已

---

　　①　福特汽车公司执行主席威廉·克莱·福特（其曾祖父是福特公司创始人亨利·福特）说："我们所习惯的汽车和其使用方式将会迅速变化。他认为"智能车的未来将比我们想象的更早到来。投入使用的主要障碍是缺乏明确的法律框架。法律必须不断优化，才能在世界各地的所有司法管辖区执行。解决这个至关重要的问题将为新的技术研发机构铺平道路，同时激发现有制造商的创造力。"

　　②　http：// www.kivasystems.com，于 2015 年 1 月查阅。

　　③　http：// www.terex.com/port-solutions/en/products/automated-guided-vehicles，于 2015 年 1 月查阅。

　　④　http：// www.ultraglobalprt.com，于 2015 年 1 月查阅。

知的，并且它们的运动是可以预知的。这与自主导航无人车所面对的开放①和高度混杂场景是不同的，这些封闭和可控场景中的自动驾驶技术并不能完全应付乡村道路、高速公路和城市街道中的所有交通状况。

图 1.6　封闭环境中部署的不同无人驾驶系统

（a）KIVA 机器人系统；（b）部署在 TEREX 公司构建的港口上的无人驾驶系统；
（c）英国伦敦希思罗机场的摆渡车

研究机构的实验室和创新型公司（如谷歌）从一开始就研发全自主的无人驾驶汽车技术，而汽车制造商普遍从先进驾驶辅助系统（ADAS，Advanced Driver Assistance Systems）开始，以循序渐进但可靠实用的方式进行研发。一些较为复杂的 ADAS 系统已经上市，如自动泊车（Automatic Parking）、自适应巡航控制（Adaptive Cruise Control）、车道保持辅助系统（Lane Keeping Assistance）或防碰撞系统（Collision Avoidance System）［ADAS，2015］。这种循序渐进或自下而上的方法在某种程度上与本书中使用的研发方式有所相似，尽管我们使用了多控制器架构（参见 1.4 节）。

通往完全自主/自动驾驶车辆的道路仍然很长，在上面提到的三个层面（感知/定位、决策、控制执行），以及其他不同层面，例如混合动力电动车辆、电池和动力总成技术等，也还有许多工作要做。下面列举了一些关键的挑战性问题，需要说明的是，这些并非全部的关键问题，只是目前已知的围绕这些重要课题的非常重要的技术 ［Eskandarian，2012；Burns，2013］。

1）总体上（对于三个层面通用）

（1）系统诊断分析技术：检测每个感知、决策或控制执行过程中的不一致/风险。

（2）培养驾驶员的接受度：使用基于增强现实技术的 HMI（人机交互界

---

① 即不能充分了解环境状态信息，包括内部物体/人员或其状态条件（如气候条件：冬季、风、雾等）。

面）来提高系统可信度。

（3）软硬件冗余可靠性：如何提高感知、定位、控制执行各子系统硬件和软件方面的冗余度，使之达到 10^{-9} 的可靠性（与航空系统相当）。

（4）成本控制：如何以相对较低的成本维持现有系统。

（5）数据通信可靠性与安全性：如何提高通信交互、大数据管理/分析的可靠性和安全性。

（6）建模技术：如何优化驾驶员模型（可能在非全自主车中）、行驶环境模型。

（7）协作技术：在更多的协作方向进行研发，如车辆与车辆之间、车辆与基础设施之间、车辆与驾驶员之间等。

2）在感知/定位层面

（1）传感器技术：通过增强 GPS、相机、激光、雷达等传感器，以更好地适应汽车行驶环境的变化，如城市或农村、场地照明、雨天等。

（2）数据融合技术：增强传感器/地图信息融合技术，以提高感知/定位的准确性和可靠性。

（3）SLAM 技术：增强实时定位与地图构建技术（SLAM，Simultaneous Localization and Mapping）。

（4）场景表征与理解：增强对环境/场景（障碍物、行人、其他车辆等）的表达/理解。

（5）不确定事件建模：加强不确定事件的建模/识别。

（6）轨迹预测：预测环境中其他移动物/物体的轨迹，完善遮挡处理等。

3）在控制（决策和执行）层面

（1）研发更灵活可靠的自主导航策略，使其能够适应任何新的环境/情况。例如，谷歌无人车为了进行完全自主驾驶，需要知道其确切的环境信息（使用高精度地图），并对该区域进行至少 3 次识别（使用非常密集的传感器信息）。

（2）优化控制架构，使其在结合规划/重规划和反应行为的情况下，能够处理可预测和不可预测的事件（参见 1.3.2 节）。

（3）制定合适的控制策略来减少汽车能耗。

（4）优化模型和控制算法/策略，更好地解决不确定性和车辆动力学问题；目的之一是实现更安全、更舒适的车辆行为。

本书的研究工作主要涉及控制层面。

1.3 主要背景和范例

本章的这一部分旨在强调在本书中使用的主要概念、范例、动机和定义。这些阐明和介绍也可简化后续章节的解释和说明。

1.3.1 灵活性、稳定性和可靠性定义

由于我们将使用灵活性、稳定性和可靠性来描述不同方法的特点，下面给出在移动机器人任务背景下这些性能指标的简短定义。

（1）灵活性：自动机器人以多种方式实现分配任务的能力。例如，机器人可以选择不同的路径来达到被指派的最终目标位置。

（2）稳定性：根据李雅普诺夫稳定性定义，来专门表征机器人控制的稳定性（参见附录 B）。如果机器人的目标点被很好地定义（例如，目标为实现避障等子任务），并且控制算法也被证明是稳定的，那么意味着该子任务将以稳定的方式去完成。

（3）可靠性：当存在不受约束或不可控条件情况下，比如感知的不确定性或任务状态条件不明确等，自主机器人能够实现所分配任务的能力。

1.3.2 反应式和认知式控制架构

用于移动机器人导航的反应式和认知式控制架构是学术文献中常用的概念［Brooks，1986；Arkin，1998；Albus，1991；Adouane，2005；Eskandarian，2012］。根据目前广泛使用的反应式控制架构的定义，它用实时的传感器值（或短时间范围内的值）来决定机器人将要实现的动作。这一原理在文献中通常被称为刺激－响应的机器人行为。为说明刺激－响应原理，选择 Braitenberg 机器（参见图 1.7（a））［Braitenberg，1984］，它是展示纯反应式机器工作原理的一个非常典型的例子。传感器信息与机器人执行器的动作之间存在着直接的联系。图 1.7（b）表示了来自传感器的刺激与左右轮的相应动作之间的联系。例如，当左侧传感器接收到比右侧更强的光线时，右轮将具有更高的速度。这最终将使机器人朝向光源移动（在该示例中为向左侧移动）。相反，认知式控制架构中，通常使用大量有关机器人环境和内部状态的数据来决定机器人的行为。

图 1.8 给出了这两种控制方法概念的总结［Arbib，1981；Arkin，1998；Adouane，2005，第 2 章］。根据上面给出的定义和图 1.8，显然，反应式和认知式控制架构两种概念之间的界限并不十分明确。那么问题在于，"在怎样的界定条件下，一个架构可以被定性为反应式的或认知式的？"

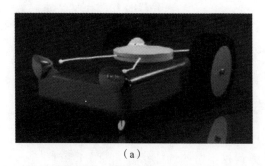

（a）

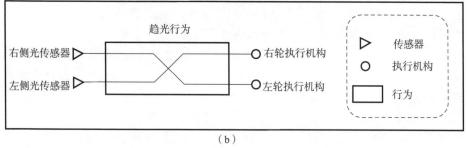

（b）

图 1.7　Braitenberg 机器

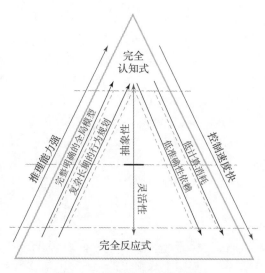

图 1.8　反应式和认知式控制

我们不试图回答这个准哲学问题，但在下面定义什么是反应式控制，或者哪种控制方法更具有认知式控制的特点。本书中使用的反应式控制并不一定意味着完全将机器人从任何复杂的感知或决策过程中剥离出来。事实上，如果可以获得在线和可靠的环境信息，并在线对其进行反应，不使用它们显然是不明智的。被认定为认知式控制的主要特征在于，不需要使用完整的环境信息来形成机器人的行为。而反应式控制则对应可以对所处环境的信息进行实时响应的控制，它不需要根据整体环境信息进行任何复杂的任务规划。另外，与通常的概念不同的是，所提出的反应式控制架构将在使用的同时确保实现指派任务的稳定性和可靠性（这对于诸如人员运输的任务尤为重要）。这种反应式控制的应用限制，仅与执行总体指派任务所使用的控制/策略的全局最优性有关。实际上，由于机器人的行动只能根据本地的感知信息进行引导，所以全局效率不能被提前预知。此外，如果机器人使用所有必需的环境信息来实现其任务，则其控制被认为是认知式的，并且有可能证明所采取的决策/控制的最优性。

反应式和认知式方法的组合是自主机器人的重要功能，例如可以非常快速地对不可预测的事件做出反应（反应模式），而可以很好地感知环境时则确保任务的整体最优性（认知模式）。因此，依据导航上下文背景信息，两种模式相辅相成，相得益彰。然而，混合（反应/认知）式控制架构的提出，就引出了何时使用反应式控制和何时使用认知式控制的问题。本书第 4 章将介绍混合式控制架构。

1.3.3　协作机器人的集中式和分布式架构

在第 6 章将会着重介绍多机器人系统（MRS，Multi-Robot Systems）的控制。协作机器人是一个十分活跃并且与现在许多关键应用领域都有关联的研究方向。MRS 所涉及的科学问题有编队分析与控制、协作感知、多机器人定位、多机器人任务协作、协作框架及交流［Cao 等，1997］。动态环境下多机器人的协作是这一领域的基础问题之一（参见第 6 章）。

在建立一个 MRS 控制架构时，最先需要解决的关键问题是选择分布式结构还是集中式结构［Cao 等，1997；Ota，2006］。集中式结构中的每一个机器人实体所有的部分或全部传感器及决策环在物理结构上是离散的，它们都会被一个称作监督器（核心规划器［Noreils，1993；Causse 和 Pampagnin，1995］）的中心单元所控制［Jones 和 Snyder，2001］。集中式结构就像一个指挥家（监督器）指挥乐队（移动机器人），是一种自上而下的关系。采用这种结构需要在熟悉系统每一个单元的基础上，再拥有处理大量信息流以及快速计算的能力，并且因为其非常依赖单一的监督器（控制器），该控制架构的鲁棒性很

13

差。与之相反，在分布式结构中，系统的每一个单元都有着单独的预测与控制策略，采用该结构可以减少需要传输的信号和数据。事实上，每一个机器人个体在特定环境中行动之前并不需要全部环境信息。在解决包含大量个体的多机器系统中，采用一个合适的由下而上的分布式架构会更加灵活。

在这两种架构的基础上，还存在一种混合式控制策略，即系统的一部分采用集中式架构，另一部分采用分布式架构 [Fukuda 等，2000]。使用集中式架构解决整体策略和多机器人系统的整体任务处理问题，而在导航和局部动作操控方面采用分布式架构。如何使响应式机器人对局部感知作出反应时能够整合集中式架构与分布式架构，是采用混合式控制架构时要着重注意的问题。通过观察可以得出结论，响应式机器人是可以通过不断发展来在 MRS 中实现分布式架构的。

在 MRS 控制结构的发展过程中，分布式架构显得更为热门，但是如果在环境或任务允许的情况下，系统的全局信息也可以被用来提高 MRS 的控制性能。

1.3.4 规划与控制间的边界

机器人为了实现自身的基本行为（如避障和目标跟踪），需要以下两个步骤：

（1）在考虑当前机器人和环境状态以及所需完成子任务的情况下，确定机器人合适的路径点（如根据规划的路径）。机器人在进行瞬时、长期或者短期控制迭代过程中都能获得这些路径点值。事实上，在很多情况下机器人需要重新规划它的路径或者去跟踪另外的目标（参见 2.4 节）。

（2）一旦获得路径点值，就要采用合适的控制策略来到达指定的路径点。

为了安全可靠地完成分配给机器人的任务，以上两个步骤缺一不可。一部分文献在规划设定值时没有考虑机器人的物理尺寸限制（如非完整约束和最大速度约束），也没有考虑机器人、环境模型方面和感知方面所带来的不确定性。人工势场法（APF, Artificial Potential Field）[Khatib，1986]、维诺图法（Voronoï Diagrams）、可视图法（Visibility Graphs）[Latombe，1991]、导航函数法（Navigation Functions）[Rimon 和 Daniel. Koditschek，1992]、基于规划的网格检查与轨迹生成法 [Pivtoraiko 和 Kelly，2009] 都属于这种基于路线图的方法。不过对于不总是跟踪初始规划结果的机器人来说，这些方法虽然有效但并不可靠。

除了上面提及的规划方法外，还有一部分规划方法在最初就考虑了机器人物理尺寸限制和模型不确定性以实现精确灵活可靠的控制效果 [Choset 等，

2005；Kuwata 等，2008］。这些方法更能有效地成功控制机器人。正因为如此，算法更为耗时，同时也增加了获得路径点的复杂度。

在本书接下来的章节中，为实现单个机器人系统和多机器人系统更为可靠的导航控制，将进一步介绍和阐述路径点规划算法和控制方法。在所介绍的研究工作中，还会明确区分发送给控制器的路径点结果信息和有效的机器人迭代信息，这些控制迭代信息取决于机器人模型和多种约束、环境条件等多种因素。

1.4　基于行为学的多控制器框架

在实际建立一个真实可信并且有效的能控制自动移动机器人的方法之前，本节先介绍多控制器框架的起源和需要掌握的最重要的功能（参见 1.4.2 节）。

自然界中，可以认为动物的先天行为由一系列"原子"（基本）行为组成，这些基本行为不能再被直观地分解。一般来说，动物的所有运动行为（一系列肌肉运动的协作）都可以被归类到这一框架中。这些基础的行为可以像堆积木一样构成和描述更高级的动作和行为［Arbib，1981；Anderson 和 Donath，1990］。与之相似，自主移动机器人需要完成多种任务（参见 2.1 节），如在需要避障或者维持某种队形（在第 6 章中有一个明显的例子）的情况下抵达目标点。除此之外，为了提供可靠而顺畅的机器人导航，这些子任务也需要保证遵守多目标标准。所有这些子任务和标准都大大增加了实现高效自动机器人导航的复杂程度。

为了说明这种控制框架（在确定任务和多目标标准方面），可以描述为文献［Brooks，1986］所述的模块化和由下而上的方式，也可通过所谓的行为架构来说明［Arkin，1998］。行为控制架构①是基于这样一种行为组合概念：机器人可以仅仅通过组合一系列基本行为来完成一个总体的复杂任务［Arbib，1981；Brooks，1986；Anderson 和 Donath，1990］。行为控制架构通过把整体控制过程分解为一系列基本行为/控制器（如目标跟踪、障碍规避、路径跟踪等），以更好地控制机器人的整体行为，解决系统太过复杂的问题。事实上，每一个行为都可单独测试或者与其他行为一起测试，目的是验证相应行为的可靠性和效率，以实现确定的子任务。

---

①　这是通过在同一结构中的几个基本行为的集合而获得的。文献［Arkin，1998］宣称："研究行为学机器人专家认为，通过研究神经科学、心理学和行为学，可以获得很多机器人技术。"

然而，在研发有效而可靠的多控制器框架①过程中依旧存在很多亟待解决的挑战。我们工作的主要目标就是研发一种全自动汽车（参见 1.2 节）所必需的稳定可靠且灵活的多控制器框架。

每一种控制架构的目标都是达到或者维持需要的系统状态（构型）。如图 1.9 所示，多控制器架构的结构是通过多层行为和决策的同步控制来实现的。

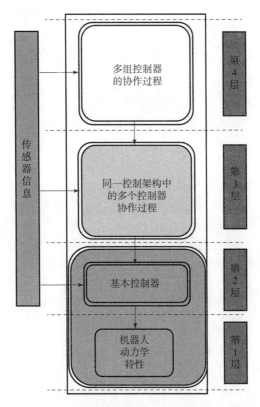

图 1.9　多控制器框架决策的不同层级

说明如下：

第 1 层为机器人动力学特性，对应于机器人控制期望路径点值传达到机器人车轮所经过的所有中间元素，包括其管理和硬件执行机构（译者注：如转向执行机构、制动执行机构等），是根据机器人的传动装置、机械惯量等多个

---

①　术语"多控制器"将取代术语"行为"，因为我们已经对多控制器进行了深入的研究，最重要的是，使用自动控制理论证实了每个控制器和整体多控制器架构的可靠性（参见 1.4.2 节）。

要素确定的被控制对象的总体动力学特性。本层是为了确定控制命令（频率、控制量等）与机器人的物理特性匹配而存在的。

第 2 层涵盖每一个基本控制器/子任务的内部工作，通过应用某种控制方法在机器人感知和期望路径点之间建立一种关联，机器人完成子任务必须跟踪这些路径点。因此，在实现可靠控制器这一点上，第 1 层和第 2 层是紧密关联的，在这两层之内获得适当的期望路径点值和控制策略都十分重要。

第 3 层是多个控制器协作过程，即如何协调嵌入在同一多控制器架构中的多个控制器的使能与执行动作（参见 1.4.1 节）。

第 4 层是多组控制器的协作过程，每组控制器都能够完成某一复杂任务。这是一层更像人造生命的架构，即生物（机器人）必须在一个环境中生存（自主地执行几种复杂任务）并在复杂的环境中进行交互。

要实现全自主无人驾驶车辆，以上四层都必须熟练掌握。第 1～3 层将会在后续章节中进行详细说明。下一节将会详细阐述同一控制架构的多个控制器协作过程（第 3 层）中涉及的现有技术。

1.4.1　多控制器协作

一个多控制器架构的开发、维持和运行是通过控制命令流来实现的，而这些命令流是在由同一控制结构中的大量行为/控制器共同产生的。也就是说，在每个采样时间内，都需要通过基本行为来确定生成的命令集，从而决定机器人未来的行为。控制器之间现有的交互作用结果必须是完全可控的。实际上，通过对多种行为之间关系的掌握，能够获得越来越复杂的行为（通过增加新的控制器），同时又不会损失控制架构的灵活性、鲁棒性和可预测性。就拿［Maes，1991］和［Parker，1998］提出的控制架构来说，它对行为协作机制进行了简要说明，这些机制可能会给机器人带来原地打转、被阻挡或者其他不可预测的问题。这主要是因为没有掌握基本行为之间的相互作用。

在本书研究的多控制器架构中，控制器/行为协作有两个主要原则——"行为选择"和"行为融合"，它们将分别产生竞争或协作的控制架构。图 1.10 所示为行为/控制器之间不同协作机制的树状图。

在竞争架构（行为选择）中，每个采样时间发送给机器人执行器的期望路径点值由唯一的一个控制器给出，该控制器是从一组合理的控制器中选择出来的。竞争原则可以通过包含在体系结构中的一组固定优先级来定义［Brooks，1986］。执行器执行的命令是由具有最高优先级的控制器发出的，该控制器由于优先级高而被激活。"行为选择"也可以是没有任何优先级层次的动态行为［Maes，1989；Mataric 等，1995］，这种情况下所有的控制器都可以

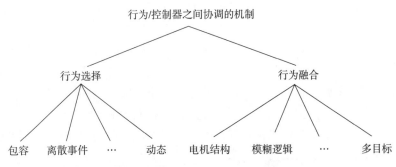

图 1.10　行为/控制器之间不同协作机制的树状图

相互激活或者相互抑制。在每个采样周期内，所选择的控制器具有最高的激活优先级。激活的优先级通常是根据许多内部和外部刺激的线性组合计算的。在不同的竞争架构中，可引用文献［Maes，1989］和［Mataric 等，1995］提出的动态行为选择架构，或者［Drogoul，1993］提出的 EMF（EthoModeling Framework）框架，该框架的灵感来源于群居昆虫选择响应个体的工作机制。文献［Parker，1999］提出了一种适应性行为选择的联合架构，以完成一个多移动机器人系统的合作任务。机器人根据任务的要求、其他机器人的活动、当前的环境条件，以及它们自己的内部状态来选择适当的行为。

　　在合作结构中（行为融合），发送给机器人执行器的期望路径点值是由几个主动/被激活行为产生相互妥协和融合的结果。这些机制包括去模糊化过程的模糊控制［Saffiotti 等，1993；Arrúe 等，1997；Wang 和 Liua，2008］，或合并控件的多目标控制技术［Pirjanian，2000］。在这些合作架构中，文献［Arkin，1989b］中基于模式的原则在学术界中具有重要影响。这个体系结构一般使用文献［Khatib，1986］和［Arkin，1998］中的势场技术来计算每个基本控制器的响应，以及机器人的行为响应进行编码。在［Connell，1990］、［Mataric，1992］、［Ferrell，1995］、［Sigaud 和 Gérard，2000］、［Simonin，2001］、［Adouane 和 Le Fort-Piat，2004］和［Dafflon 等，2015］等文献中也提出了一些其他的协作机制。

　　尽管行为融合的过程可得到一些非常有趣的机器人行为，但总体控制架构的稳定性通常很难或不可能得到证明。相反，文献［Adouane，2009a］和［Benzerrouk 等，2009］中提出的基于行为选择过程的控制架构，即使在控制器之间发生切换时，其整体稳定性也通常更容易被证明（参见第 3 章）。

1.4.2　多控制器架构（主要挑战）

　　正如上面所强调的，多控制器架构的主要优点在于其自底向上的结构和处理多个复杂任务的灵活性。然而，由于没有对控制架构进行性能分析（如稳定性、鲁棒性等），这极大地减少了应用该控制架构去执行高可靠性和安全性任务的可能性。很明显自动运输或服务机器人任务就是这样的情形（机器人和人类之间存在着密切的交互）。

因此，这种架构的挑战性在于，在为每个开发的控制器和总体的多控制器架构引入数学分析的同时，如何证明其可靠性。对总体架构的分析意味着主要是表征这种架构的众多控制器协调问题（同时避免控制命令中出现最大范围的波动，即平滑控制）。基于此目的，在一些研究中考虑利用混合系统①控制器［Zefran 和 Burdick，1998］，以提供一个正式框架去展示多控制器架构的鲁棒性和稳定性［Adouane，2009a；Benzerrouk 等，2009］（参照第 3章）。简单来说，混合系统是一种建模为有限状态自动机的动态系统。这些状态对应于连续的动态演化，并且可以通过连续部分达到的特定条件进行变化。因此，这种形式允许对整体架构［Branicky，1998］进行严格的自动控制分析。

综上可知，多控制器架构固有的主要挑战是论证其整体稳定性。实际上，证明单个基本控制器的稳定性不足以保证多控制器架构的整体稳定性，这主要是因为控制器之间可以随意切换［Branicky，1993］。我们以文献［Liberzon，2003］中提出的一个系统 1 和 2 之间进行切换的实例来说明这一点。整体系统状态为 $x = (x_1, x_2) \in \mathbf{R}^2$，并按要求进行切换，而且假设两个基本系统稳定，且每个系统都可分别独立收敛到如图 1.11（a）和（b）所示的平衡状态 x。然而，两个系统之间的切换不一定会保证稳定性。图 1.11（c）表明，切换的时刻不同，整个系统的稳定性可能得不到保证［Branicky，1993］。文献［Johansson 等，1999］应用一种自动机方法对混合系统进行建模，其中每个节点使用专用的控制律。作者强调，控制器之间的硬切换可能导致芝诺现象（Zeno Phenomenon），在有限时间内出现无数个离散的转换。当机器人状态总是处于离散事件被激活的边界极限时，就会出现这种现象。文献［Egerstedt，2000］通过在自动机中增加另一个控制节点（控制律），已经解决了这个问题。

总之，在充分利用多控制器架构的潜力之前，应该解决以下具有挑战性的问题：

（1）对于基本控制器，它们对于不同的环境背景（如混杂与否、动态与

19

---

① 允许在存在离散事件的情况下控制连续系统。

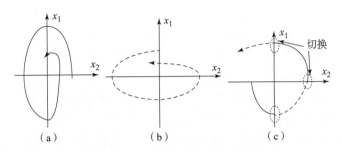

图 1.11　混合系统之间的切换可能导致整个系统不稳定

(a) 系统 1——稳定系统；(b) 系统 2——稳定系统；

(c) 系统 1 和 2 之间的切换——不稳定系统

否等），都必须是稳定和可靠的。

（2）对于控制器之间的协调机制：

①实现控制器动作（硬切换或联合）之间的协调，以安全有效地完成分配的任务。

②避免机器人控制的冲击/不连续，目的是实现控制器之间的稳定和平滑切换。

为了解决上述问题，本书给出了以下几个思路：

（1）使用集中的自动控制规范/属性来证明所提出的基本控制器的特征（如障碍物规避、目标到达/跟踪等）。

（2）使用混合系统理论作为控制器设计和协作控制的框架。

1.5　基于轨迹或目标点的导航

文献［Lee 和 Litkouhi，2012］和［Gu 和 Dolan，2012］提出了自主导航的不同策略。最流行的方法是基于预先定义的参考轨迹法（时间参数化）［Bonfe，2012；Kanayama 等，1990］。这些方法将机器人控制与参考轨迹联系起来，该参考轨迹可通过路径规划和轨迹生成技术来定义［LaValle，2006］。

通常为了获得机器人要跟踪的参考路径，可使用弧线、样条曲线或多项式方程来连接路径点［Connors 和 Elkaim，2007；Horst 和 Barbera，2006；Lee 和 Litkouhi，2012］。文献［Gu 和 Dolan，2012］使用多项式曲率螺旋线来得到可行路径。在文献［Bonfe，2012］中，考虑到车辆的 Kino 动力学约束（Kinodynamic Constraints，见【译者注 1-2】），轨迹生成方法给出的是平滑的路径。文献［Labakhua，2008］使用用户指定的点和插值函数如三次样条、三角样条和回旋曲线等来构建轨迹。此外，沿着轨迹方向上的速度分布将影响乘客的舒适性，这与车辆的加速度有关。然而，轨迹生成法存在一些缺陷，如使用某个特定规划方法的必要性，轨迹不同部分之间连续性的保证证明，或者重规划的复杂性（主要在动态和不确定环境中）。

此外，由于几乎所有的导航策略都是基于路径或轨迹跟踪［Laumond，2001］，所以大部分文献中提出的控制策略都是为了解决如何确定期望路径点值的问题。文献［Blazic，2012］、［Fang 等，2005］、［Goerzen 等，2010］和［Pesterev，2012］就提出了一些专门的控制策略。［Kanayama 等，1990］、［Blazic，2012］和［Vilca 等，2013a］使用李雅普诺夫稳定性分析方法实现了独轮机器人轨迹跟踪非线性控制策略。文献［Fang 等，2005］提出了一种农用轨迹跟踪控制方法，结合了考虑滑移的运动学模型。对于路径跟随问题，在文献［Pesterev，2012］和［Samson，1995］中针对三轮机器人提出了一种基于线性反馈和链表表示［Laumond，2001］的控制策略。该路径跟踪控制器允许车辆沿参考轨迹进行独立的横向和纵向控制。此外，路径跟踪控制器比轨迹跟踪控制器更能平滑地收敛到期望路径［Siciliano 和 Khatib，2008］。轨迹跟踪控制器允许以期望的速度分布曲线来跟踪轨迹，而路径跟踪控制器仅在行驶方向上起作用。在每个采样时间内，路径跟踪控制器和轨迹跟踪控制器都需要机器人在轨迹最近点的位姿状态值（即机器人的构型状态）和/或该点的曲率值［Laumond，2001；Blazic，2012］。尽管有很多方法来计算这些参数，但它们仍然可能在某些情况下产生一些错误，从而不利于移动机器人的控制［Siciliano 和 Khatib，2008；Fang 等，2005］。

此外，相对于通过路径跟踪或轨迹跟踪来引导机器人朝向其目标，也有少数文献提出仅使用行驶环境中的特定路点来引导机器人向其最终目标前进。文献［Aicardi 等，1995］提出通过指定的静态点对独轮机器人进行导航，尽管如此，它对路点跟踪任务的定义并不准确，因为这种策略没有考虑机器人的运动约束（最大速度和最大转向角）、航向姿态误差和机器人到达指定路点时的速度分布。文献［Masoud，2012］应用谐波势场法（HPF，Harmonic Potential Field）引导无人机飞向一个具有位置值和航向值的全局期望路径点。作者提出一种虚拟速度场，考虑了无人机的物理模型，这个速度场的每个矢量分量都被视为一个中间路径点，机器人必须通过这些中间路径点才能到达期望的全局路径点。但 HPF 需要对障碍物的不同形状或几何尺寸进行复杂的数学建模。

一般而言，本书中介绍了仅使用目标到达/跟踪行为来执行多个机器人子任务相关的不同动机（参见2.4节）。第5章将强调这样一个事实，即环境中设置在适当位置的少数几个静态或动态的导航路径点，就足以保证车辆的安全导航。这样做的主要优点是提高了机器人运动的灵活性，因为它允许机器人在导航路径点之间有更多的机动行为。第 6 章还将展示使用目标到达/跟踪控制器来定义/执行导航控制的一个机器人编队的多个优点。

1.6　结论

本章简要介绍了自主移动机器人的相关领域，同时着重于地面机器人自主能力和关键挑战问题研究的主要成果、进展和水平。强调并阐明了本书中其他章节涉及的主要背景、实例、动机和定义，这将有助于阅读理解本书的其余部分。

灵活性、稳定性和可靠性的概念已经在开发的控制架构的背景中进行了定义。针对机器人建模需要，阐明了反应控制架构的概念。事实上，认知/反应式协商控制的主要区别在于使用或不使用完整的环境信息来控制机器人的行为。因此，反应控制对应于对局部环境信息的实时响应，而不使用任何复杂的任务规划（考虑到整体环境信息）。此外，与某些已有的认识相反，在确保其稳定性和可靠性的同时，反应控制架构将被用于实现所分配的任务（针对特殊的目标任务这显得尤为重要，例如人员的运送）。另外，还明确了用于控制多机器人系统的分散式方法（与集中式相对应）面临的挑战，规划和控制之间的边界限制，以及尽可能使用基于目标设定点的导航，而不是路径跟踪或轨迹跟踪的导航方式。还强调了多控制器架构的原理和潜力，以及需要解决的主要关键问题，以便为移动机器人提供一个非常有效的控制方法。

在本书中使用的“机器人”主要指地面轮式移动机器人。本书提出这些概念（导航控制架构/控制策略）的主要目的是将其广泛应用于不同结构的机器人（独轮车、三轮车等）。因此，本书中任何地方提到的“移动机器人”或“车辆”都可以被替换为如上所述的“机器人”或“移动机器人”。本书将重点关注机器人（单个机器人或多机器人系统）的控制策略，以及其在高度混杂和动态环境中的自主导航控制问题（参见 2.1 节）。对于本书采用的控制方法，我们遵循这样一个原则：所提出的控制架构如果在复杂和约束较多的环境中是可靠的，那么在约束较少的较简单的环境中显然会更为可靠。

【译者注 1-1】：Institut Pascal，法国帕斯卡研究所是法国科学院（CNRS）和克莱蒙奥弗涅大学（Universite Clermont Aurergne）创建的联合实验室/研究中心，按中国概念套用与研究所类似。其核心组织者来自法国科学院，但由于法国科学院没有自己的独立场所且不具备学位授予的权利，因此要挂靠于法国的公立大学协同进行人才培养。其人员组成主要为法国科学院院士，相关大学教授、副教授、讲师，博士后以及相关工程人员，以及博士研究生，原则上不招收硕士研究生，只为研究生提供短期交流项目。帕斯卡研究所在地面无人车辆、自动驾驶技术领域有较高的知名度，研究基础很好。

【译者注 1-2】：Kinodynamic Constraints，Kino 动力学约束：在机器人和运动规划中，动力学规划必须满足速度、加速度和力/扭矩限制约束，同时要满足规避障碍物的运动约束。该提法首先出现在以下文献中：Donald B.，Xavier P.，Canny J.，Reif, J. Kinodynamic motion planning [J]. Journal of the Association for Computing Machinery, 1993, 40 (5): 1048-1066.

第 2 章

混杂环境下的自主导航

本章介绍了用来描述本书中提出的不同多控制器架构的重要的基本组成模块。在这些模块中，引入了以下两个控制器：避障（基于极限环，Limit-Cycles）和目标到达/跟踪基本控制器。通过在几个导航任务中的一般应用方式，着重介绍这些控制器的设定点定义及其主要的特性。此外，本章还将介绍一个应用于混杂环境中进行反应式导航控制的完整的多控制器架构。同时也讨论了感知方面的一些相关细节问题。

2.1 导航框架定义概述

在科学研究和工业领域，自主移动机器人导航（见图 2.1）是一个备受关注的复杂问题（参见 1.1 节）。在很多机器人应用领域，比如制造技术 [Sezen，2011]、城市运输 [Vilca 等，2015a]、残障和老年人辅助 [Martins 等，2012] 以及监控 [Stoeter 等，2002] 等方面，高效且鲁棒性强的机器人自主导航系统都是十分有用的。虽然导航技术已经取得很多进展，但在实际环境中，一些具体的技术还需要不断改进以适应更为广泛的应用（参见 1.2 节）。此外，为了实现完全自主的机器人导航，还需要有精确的感知和定位能力 [Thrun 等，2005；Choset 等，2005；Siegwart 等，2011]（但这些内容不是本书的重点）。不管环境杂乱与否、动态与否、不确定与否，机器人都必须具有在这些不同类型环境中在线控制的能力，同时具有对不可预测事件安全反应的能力。因此，控制架构必须能够回答下面这个重要问题："如何让机器人高效又安全地到达之前预定好的位置？同时需要考虑可以获得的环境信息（如道路边界），以及能够对不可预测事件（例如有其他动态机器人或者障碍等）进行在线反应。"

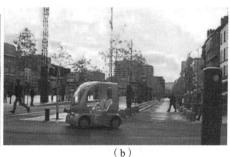

（a）　　　　　　　　　　　　　（b）

图 2.1　（a）一组移动机器人（Khepera）；
（b）在城市（克莱蒙费朗）环境中的电动车（Cycab）

此外，仅仅保证导航控制的可靠性和安全性是不够的。为了乘客的舒适性，机器人还必须保证导航的平顺性，例如在交通运输应用方面［Fleury 等，1993；Vilca 等，2013b］。在文献［Gulati，2011］中，作者用成本函数表征平顺导航，该函数反映了传播时间和加速度积分的平衡关系（表征机器人角速度和线速度的跳动量）。完全自主导航需要同时满足多种标准，为了实现这个目标，有安全可靠灵活的控制架构就显得十分重要［Minguez 等，2008］。不少文献中已经提出不同的导航策略（使用专门的控制架构），在混杂和动态环境中都可以保证自主导航。这意味着，避障功能十分重要，与自主导航控制策略有内在的紧密关联关系。因此，避障功能的发展需要格外关注［Minguez 等，2008］（见 2.2 节）。

在介绍不同的控制架构和它们内在的避障策略的细节之前，先来描述下文将要采用的整体导航框架，这是一个通用框架，能够描述大多数自主导航任务。在提出的通用框架中，自主机器人导航系统引导机器人从初始的构形状态到达最终的构形状态（即最终目标状态），能够躲避所有的各种形状的障碍（见图 2.2）；在某些情况下，机器人需要维持与其他机器人的编队状态（满足距离、航向等状态参数构形要求）（第 6 章主要关注编队中的多机器人导航）。机器人导航可以通过反应式控制（根据机器人的自身感知在线做出反应）或者认知控制（跟踪已经预设好的轨迹/路径点，该技术的具体细节可参见第 4、5 章）实现。机器人期望的运动，要在其全局运动过程中显得安全和平稳，即局部的运动不能影响全局安全性和平稳性。如图 2.2 所示，假设机器人和最终

目标分别被半径为 R_R 和 R_T 的圆形包络着，另外，机器人最大的视野是一个圆心在机器人中心、半径为 R_{fv} 的圆，这个圆反映了机器人可以感知其他物体（其他机器人或者障碍）的最大范围。对于障碍/墙壁，可以假设它们是被由式（2.1）定义的椭圆包络着（见图2.2）。之所以选择椭圆而不是圆，就像一些文献中提到的那样（例如 [Kim 和 Kim，2003；Jie 等，2006 或 Adouane，2009b]），是为了更全面灵活地适应不同形状的障碍物。

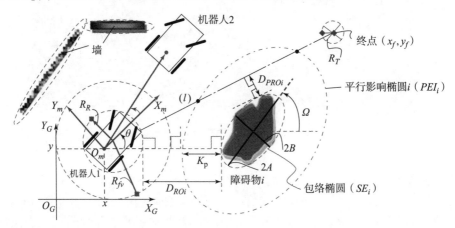

图 2.2　机器人姿态及其主反应式导航感知图

在各种形状中，墙壁（或者广义讲，任何长和扁的形状的物体）这种障碍更适合用椭圆而不是圆来描述其形状。图2.3描述了这种形状。事实上，如果在这张图上用适当的圆形环绕这面墙，就会使圆的半径很大，增加了避障时机器人与障碍物的距离 [Kim 和 Kim，2003]（见图2.3（a））。图2.3（b）显示出椭圆更适合模拟这面墙的形状。该图也显示了红外线传感器从墙的一侧（左侧）采集到的不完全的环境感知信息。在2.5.5节和4.4.4节将会列举几个机器人在混杂环境中进行导航的例子，这些仿真实例将会验证用适当的椭圆包络障碍/墙/人行道等的有效性。椭圆方程可通过下式定义：

$$a(x - h)^2 + b(y - k)^2 + c(x - h)(y - k) = 1 \qquad (2.1)$$

式中，h，$k \in \mathbf{R}$，表示椭圆中心点坐标；$a \in \mathbf{R}^+$，与椭圆的长半轴 $A = 1/\sqrt{a}$ 有关；$b \in \mathbf{R}^+$，与椭圆的短半轴 $B = 1/\sqrt{b}$ 有关，有 $b \geq a$；$c \in \mathbf{R}$，与椭圆的方向有关，如果 $a \neq b$，$\Omega = \arctan[c/(b - a)]$，当 $a = b$ 时，式（2.1）化为圆的方程，Ω 无意义。

式（2.1）和图2.2中包络椭圆的参数（h，k，A，B，Ω）可以在线获取，这将在2.5.2节中着重介绍。

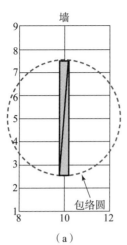

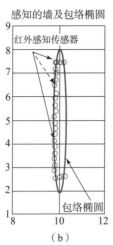

图 2.3　用不同形状来包络障碍物并安全避障
（a）使用圆形；（b）使用椭圆形

2.2　自主导航的重要内容——安全避障

文献［Minguez 等，2008］提供了一种非常有趣的避障方法概述。避障行为与控制架构的类型是有紧密联系的。其中控制构架可以分成两大类（认知式和反应式（参见 1.3.2 节））。

第一类是认知式（或慎思式）控制架构，重点关注的是整体环境下的轨迹或路径规划与重规划［Pivtoraiko 和 Kelly，2009］。需要注意的是，到底采用轨迹还是路径，需要看规划阶段是否计入时间因素。为了简化，下面的术语"轨迹"将代表这两种情况。在规划阶段，得到的轨迹考虑了所有的障碍设置（包括动态特性）。在全认知式导航中，一旦轨迹被获得，机器人会应用专用的控制算法尽可能精确地跟踪这个轨迹，比如用广为人知的文献［Kanayama 等，1990］和［Samson，1995］提出的控制算法。研究认知架构的众多方法中，可以采用以下方法：维诺图（Voronoï 图）和可视图（Visibility Graphs）［Latombe，1991］；导航函数［Rimon 和 Daniel. Koditschek，1992］或基于栅格地图的规划法［Choset 等，2005］；快速扩展随机树（RRT，Rapidly exploring Random Tree）［Lavalle，1998］，以及稀疏 A^* 搜索算法（SAS，Sparse A^* Search）［Szczerba 等，2000］。在认知控制架构中应用最广的当属预规划参考轨迹，它可以让机器人做出动作之前就选择好轨迹［Morin 和 Samson，2009］。此外，还有很多基于路线图的方法［Szczerba 等，2000］，能够从多个可选轨迹中寻找到最优轨迹［Lavalle，1998；Brock 和 Khatib，1999；Ogren 和 Leonard，2005］。在这些方法中，通过不断重规划，可以使机器人应对一直在变化的环境［Fraichard，1999；Van den Berg 和 Overmars，2005］。但是，规划与重规划需要大量的计算时间来处理复杂的算法。尤其是在环境比较混杂、未知或者高动态情况下，获取新的规划轨迹需要大量时间，这些方法就可能变得很不可靠［Minguez 等，2008；Parker，2009］。

　　文献中的第二类是反应式控制架构，该架构认为机器人需要对当前感知实时地做出反应，并且不需要过多地了解整体环境信息［Brooks，1986；Arkin，1989b；Adouane 和 Le Fort-Piat，2004］。它应用的信息是局部传感器信息，而不是预先已知的重要环境信息［Egerstedt 和 Hu，2002；Toibero 等，2007；Adouane，2009a］。机器人反应过程正是基于刺激–响应原理（类似于仿生［Arbib，1981］），且不需要任何重要的规划过程来完成导航。在全反应式导航中，每一个采样时间，机器人都跟踪一个期望路径点，该点根据局部感知和当前目标（预先设定的位置）所定义，这样，障碍、墙、行人等都能被实时发现并且避开。文献［Khatib，1986］中提出了一种基于人工势场（Artificial Potential Fields）原理的实时避障方法，该方法假设机器人的动作由引力场与斥力场的共同作用来引导。在文献［Arkin，1989b］中作者扩展了 Khatib 的方法，提出了具体的移动机器人导航电机模式。另一种有趣的方法是应用可变形虚拟区域（DVZ，Deformable Virtual Zone）概念，基于反射原理，通过风险域来决定机器人的运动［Zapata 等，2004］。当有一个障碍被检测到时，可变形虚拟域将产生变形，并且会通过修正控制向量来最小化变形量。这种方法可以处理各种形状的障碍物，但是它和电机导航模式一样，同样会有局部极小值问题的影响。总之，反应式控制构架不需要很高的运算复杂性，因为机器人的动作是通过局部感知来实时确定的［Arkin，1998］。显然当应用这一原理进行机器人导航时，机器人的运动将不会是最优的，尤其是在复杂环境中，如具有大量障碍物和能困住机器人的陷阱区域等，机器人将陷入困境［Ordonez 等，2008］（参见 1.3.2 节）。

　　除了这两种现有的反应式和认知式技术路线外，1.4 节提出的多控制架构（参见 1.4 节）也可以用于这两种架构，同时第 4 章还将重点介绍一种展示反应式和认知式技术的控制架构。事实上，多控制器架构的主要特性允许我们将其每个组件（低级或高级）隔离开来，并在将其整合到整体控制架构之前尽可能地保证其可靠性。避障模块是实现移动机器人在混杂环境中自主导航的最重要的组成模块之一，2.3 节将详细介绍整合之前的避障模块，然后在 2.5 节将介绍简单多控制器架构中的避障模块（2.5 节），最后将介绍其在更加复杂的多控制器架构的应用。事实上，本书将会着重强调几个基本控制架构的改进和提升方法，如在第 3 章中会介绍如何提高整个控制架构的可靠性，第 4 章和第 5 章将介绍整合认知的可能性，以及在第 6 章中介绍向多机器人系统的扩展。

2.3　基于 PELC 的避障算法

接下来提出一个通用组件，称为平行椭圆极限环（PELC，Parallel Elliptic Limit-Cycle）。作为一个基本安全的轨迹，平行椭圆极限环更多地用于反应式导航而不是认知式导航。平行极限环基于通用的极限环的数学公式（见 2.3.1 节）。2.3.2 节会介绍一个合适的参考系，用来完成不同的子任务（避障就是其中之一）。

2.3.1　PELC 基础

下面用到的极限环对应于特定的轨迹，该轨迹是一个从给定轨迹的内部或者外部收敛而成的固定轨迹。有不少文献使用这种基于极限环的方法实现了直观且高效的避障［Kim 和 Kim，2003；Jie 等，2006；Adouane，2008；Adouane，2009b；Soltan 等，2011］。极限环是根据一个圆的［Adouane，2009b］或者椭圆的［Adouane 等，2011］周期性轨迹定义的。如果这些周期性轨迹有合适的尺寸（即距离障碍足够远）且能被精确地追踪，就可以保证机器人躲避任何阻碍。不像势场法那样［Khatib，1986］，本方法中，只有阻碍性最大的障碍才能影响机器人的轨迹，从而可以避免局部极小和振荡。极限环的建模和基于谐波势场（HPF，Harmonic Potential Fields）的建模很接近（其灵感来自对液体流过不可穿越障碍物的动态运动的描述［Masoud，2012］），与动态系统方法（DS，Dynamical System）类似［Khansari-Zadeh 和 Billard，2012］，DS 是由一组 n 自由度一阶微分方程组表示的，这两个广为人知的方法能够让机器人跟踪定义的轨道（HPF 或者 DS 的期望路径点），并安全地绕开障碍。然而，这两种方法都需要非常复杂的数学建模来表达障碍的几何外形。与之相反，一旦确定了包络椭圆的参数（$(h,k),A,B,\Omega$ 等在式（2.1）和图 2.2 中出现的参数），这个定义的通用平行椭圆极限环就不需要任何复杂的计算。除了避障，提出的 PELC 还可以轻松地完成多个机器人导航子任务（见 2.4 节），因此，PELC 构成了执行安全可靠导航的通用组件。

文献［Adouane 等，2011］中的研究将圆轨迹极限环（COLC，Circular Orbital Limit-Cycles）扩展到椭圆轨迹极限环（EOLC，Elliptic Orbital Limit-

Cycles），当长轴等于短轴时，COLC 就只是 EOLC 的一个特例。下面将介绍更为通用的极限环轨线计算公式，从而得到 PELC 轨迹。PELC 通过包络椭圆进行固定偏移得到（见图 2.2）。在给出更多关于 PELC 的细节之前，先对平行曲线的基本规则进行定义，即经常说的数学定义"偏移曲线"［Segundo 和 Sendra，2005］，这些曲线是由一条基本曲线在方向不变的情况下进行正偏移或者负偏移得到的。与参数化表示的基线$(f(t),g(t))$距离为 K_p 的平行曲线的两个分量可以表示如下：

$$x = f \pm \frac{K_p \dot{g}}{\sqrt{\dot{f}^2 + \dot{g}^2}}; \quad y = g \mp \frac{K_p \dot{f}}{\sqrt{\dot{f}^2 + \dot{g}^2}} \qquad (2.2)$$

式中，$\dot{f} = \mathrm{d}f/\mathrm{d}t$，$\dot{g} = \mathrm{d}g/\mathrm{d}t$。需要注意的是，椭圆的平行曲线并不是一个椭圆，而是一个 8 阶方程，偏移量 $K_p = 0$ 的情况除外。

PELC 的微分方程如下式所示：

$$\begin{aligned}
\dot{x}_s &= ry_s + \mu x_s(1 - \Psi) \\
\dot{y}_s &= -rx_s + \mu y_s(1 - \Psi)
\end{aligned} \qquad (2.3)$$

式中，(x_s, y_s) 表示与包络椭圆中心相对应的机器人位置，包络椭圆表示为 SE（Surrounded Ellipse）；$r = 1$ 表示顺时针轨迹（图 2.4（a）），$r = -1$ 表示逆时针轨迹（图 2.4（b））；$\mu \in \mathbf{R}^+$ 是一个正的常量，它能用来调节 PELC 向其自身轨道的收敛性。当收敛速度与 μ 相等时达到最低收敛速度（参见图 2.5（a）），此时可以获得更加平滑的 PELC。$\Psi = [4(z_1^2 + 3z_2)(z_2^2 + 3z_1z_3) - (z_1z_2)^2 + 18z_1z_2z_3]/(9z_3)^2$，此时，$z_1 = x_s^2 + y_s^2 - K_p^2 - A^2 - B^2$，$z_2 = B^2x_s^2 + A^2y_s^2 - A^2K_p^2 - B^2K_p^2 - A^2B^2$，$z_3 = (ABK_p)^2$；$A$ 和 B 分别表示包络椭圆 SE 的长半轴和短半轴；$K_p \in \mathbf{R}^+ (K_p \neq 0)$ 表示的是椭圆平行曲线相对于包络椭圆的偏移量。偏移量通常由机器人的尺寸 R_R 再加上由感知不确定性、控制可靠性和准确性问题所需的安全裕度Margin 构成。因此，$K_p = R_R + \text{Margin}$。

式（2.3）给出的 PELC 可以根据全局参考坐标系（如图 2.2 中的 $X_G Y_G$）定义。实际上，在全局坐标系中施加一个平移(h,k)和旋转(Ω)就已经足够。在图 2.4（a）和图 2.4（b）中，PELC 通过以下参数确定：中心位置$(h,k) = (1,1)$，方向 $\Omega = \pi/4$，长半轴 $A = 1$，短半轴 $B = 0.25$，偏移量 $K_p = 0.5$，$\mu = 1$。我们发现通过$(h,k,\Omega,A,B,K_p) = (1,1,\pi/4,1,0.25,0.5)$确定的平行作用椭圆（PEI，Parallel Ellipse of Influence，见图 2.4）是一个周期轨迹，有这种周期轨迹的轨迹就称为平行椭圆极限环（PELC）。

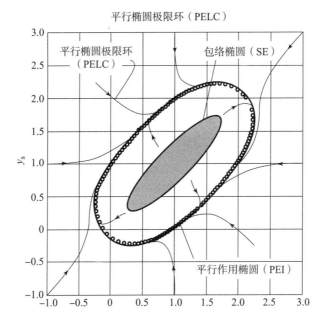

（a）

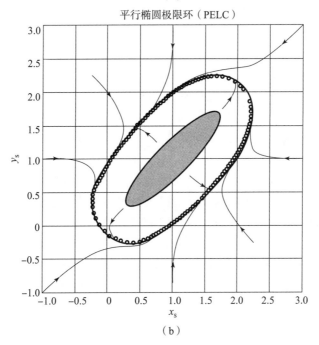

（b）

图 2.4　利用 PELC 得到的形状

（a）顺时针（$r = 1$）；（b）逆时针（$r = -1$）

来自 $X_G Y_G$ 全局参考坐标系的所有点，包括 PEI 的内部点，沿着轨迹的某一方向移动（见图 2.4），为了分析证明 PELC 对任何一个初始状态的结果的有效性，应用以下李雅普诺夫方程：

$$V(x) = \frac{1}{2}(x_s^2 + y_s^2) \tag{2.4}$$

$V(x)$ 沿着系统轨迹的导数为 $\dot{V}(x) = x_s \dot{x}_s + y_s \dot{y}_s$。经过推导可得导数的最终表达式如下：

$$\dot{V}(x) = 2\mu V(x)(1 - \Psi) \tag{2.5}$$

导数 $\dot{V}(x)$ 讨论如下：

①当 $1 - \Psi < 0$ 时，导数 $\dot{V}(x)$ 为负，此时初始条件 (x_{s0}, y_{s0}) 在 PEI 的外侧。

②当 $1 - \Psi > 0$ 时，导数 $\dot{V}(x)$ 为正，此时初始条件 (x_{s0}, y_{s0}) 在 PEI 的内侧。

因此，通过 $\Psi = 1$ 给出的 PEI 总是 PELC 的一个周期轨迹。从式（2.5）也可以看出，μ 的值越高，极限环收敛于周期轨线的速度越快，反之亦然（见图2.5（a））。

值得一提的是，PEI（PELC 的轨迹吸引区，见式（2.3））与标准的作用椭圆（EI，在文献［Adouane 等，2011］中进行了定义）相反，能够始终保证机器人相对于包络障碍物的椭圆轮廓（图 2.5（b）中的 SE）的有效距离最小。这个不变的偏移等同于上面给出的 K_p。实际上，在使用文献［Adouane 等，2011］中的公式时，是根据 SE 的 (A,B) 值确定 EI 长半轴 A_{lc} 和短半轴 B_{lc}，即 $A_{lc} = A + K_p$，$B_{lc} = B + K_p$。然而，这个方程式仅能让我们在四个点（长短轴的端点）精确地保证最小距离（K_p），如图 2.5（b）所示。图中展示了当 $A = 1$ m，$B = 0.05$ m，$K_p = 0.25$ m 时得到的平行的 EI(PEI) 和 EI 的区别。最大的不同（误差 0.1 m）对应于 40% 的误差率，如果要确保在任何环境下都有一个安全有效的机器人导航，这个误差率就太高了。显然，根据这个最大的误差率，可以采取增大 K_p 值的方法，但是得不到最优路径，特别是在长度方面，障碍物的长度越大（$A \gg B$），误差率越大。

因此，提出的 PELC 方法除了能安全地导航外，还要能在不同的环境中（例如是否杂乱，是否是结构化的环境，是静态的还是动态的环境）都获得平顺灵活的导航。例如，在城市环境中，墙壁/人行道的边界就可以被非常窄的 PEI 包络（见 4.4.4.1.2 节）。在本书的不同章节中会展示一些仿真和试验。例如，在 2.5.5 节，PELC 就被应用于反应式机器人导航控制；在 4.4.4 节，PELC 被应用于认知式的和混合式（反应式/认知式）导航控制。

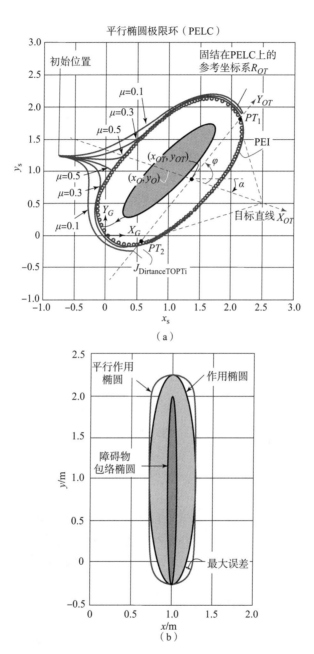

图 2.5　（a）固结在每个 PELC 上的参考坐标系和由不同的 μ 值
得到的 PELC 形状；（b）平行椭圆与作用椭圆误差

介绍完提出的 PELC 的数学推导和有趣的功能之后，在接下来的小节中，介绍一个合适的参考坐标系，来评估目前实现的子任务的相关性。

2.3.2　与任务完成相关联的参考坐标系

为了简单而有效地描述在任何环境条件下的机器人导航，下面介绍分配给环境中每一个障碍/墙体/目标等要素的一个特定的参考坐标系，或者说是至少为每一个机器人视野之内的元素分配的参考坐标系。这些特定的参考坐标系将会引导机器人行为，并且允许我们去评估当前已经完成的子任务（例如，沿墙跟踪、避障、目标跟踪等）是否成功。每一个基本的参考坐标系将会确定方向，引导机器人向着它的最终目标前进。与机器人机械手建模类似，要控制一个机器人的末端执行器运动（相对于初始端）时，将分配给每一个"关节"一个合适的并使用专门约定的参考坐标系 ［Denavit 和 Hartenberg，1955；Khalil 和 Dombre，2004］，这些局部参考坐标系主要用于简化对局部关节运动（平移/旋转）的表达，以获得最终期望的末端执行器的运动。机器人导航背景显然是不同的，但是参考坐标系将有助于我们有效地推理得到下一步的机器人运动，并达到最终目标。为了定义这样的特定的参考坐标系，必须固定它的原点和坐标轴方向。

下面定义每一个可能障碍（墙体/行人或者其他任何可能阻碍机器人运动的物体）关联的参考坐标系。当知道机器人相对于该坐标系的位置后，这个特定的参考坐标系（R_{OT}）就能用于定义避障子任务（或设置期望路径点）。R_{OT} 可通过简单的几何构建得到，并且具有以下特性（见图 2.5（a））：

①X_{OT} 轴连接了障碍物中心（x_o，y_o）和最终目标中心（x_f，y_f），该轴朝着目标的方向。

②Y_{OT} 轴由 PT_1 和 PT_2 两点所定义，这两点对应于由最终目标（x_f，y_f）和 PEI 得到的两条直线之间的切点。Y_{OT} 轴的方向可以通过三角公式来确定。

X_{OT} 轴与 Y_{OT} 轴相交于点 $O_{OT} = (x_{OT}, y_{OT})$，并且二者之间有一个夹角 φ。为了引导机器人接下来的运动，定义它在坐标系 R_{OT} 下的位置非常重要。因此，需要把全局参考系 $X_G Y_G$ 转换成局部参考系 $X_{OT} Y_{OT}$。而 $X_{OT} Y_{OT}$ 并不一定要是正交坐标系，因此转化需要两个步骤：

（1）将机器人由全局坐标系下的坐标（x，y）$_G$ 变换到中间正交参考系（坐标系中心（x_{OT}，y_{OT}），X 轴为 X_{OT}）的变换采用如下齐次变换（见图 2.5（a））：

$$\begin{pmatrix} x \\ y \\ 0 \\ 1 \end{pmatrix}_{OT1} = \begin{bmatrix} \cos\alpha & -\sin\alpha & 0 & x_{OT} \\ \sin\alpha & \cos\alpha & 0 & y_{OT} \\ 0 & 0 & 1 & 0 \\ 0 & 0 & 0 & 1 \end{bmatrix}^{-1} \begin{pmatrix} x \\ y \\ 0 \\ 1 \end{pmatrix}_{G} \tag{2.6}$$

（2）从中间变换中求得 x_{OT1}、y_{OT1} 后，可以利用下式求得机器人相对于坐标系 R_{OT} 的位置坐标 (x_{RO}, y_{RO})：

$$\begin{cases} x_{RO} = x_{OT1} - y_{OT1}\dfrac{\cos(\varphi - \alpha)}{\sin(\varphi - \alpha)} \\[2mm] y_{RO} = \dfrac{y_{OT1}}{\sin(\varphi - \alpha)} \end{cases} \tag{2.7}$$

需要注意的是，$\varphi - \alpha \neq 0$（模数为 π）恒成立，因为目标点 (x_f, y_f) 在 PEI 的外侧且障碍物是真实有效的（A，$B \neq 0$），两坐标轴 X_{OT}、Y_{OT} 不会平行（或是共线），所以 $\sin(\varphi - \alpha) \neq 0$（式（2.7）中的分母）恒成立。

应用这个坐标系（R_{OT}）的目的是确定机器人避障时应该跟随哪一个 PELC。事实上，一旦全局参考坐标系 $X_G Y_G$ 转换成局部参考系 $X_{OT} Y_{OT}$，就可以判断机器人关于 X_{OT} 轴坐标值的符号，从而分配适当的机器人行为 [Adouane 等，2011]。举例来说，如果 x_{RO} 的符号为负，机器人就必须跟随定义了的 PELC（避障），而如果为正，那么机器人就可以认为不存在阻碍通行的障碍，可以向着最终目标直线前行（参见图 2.5（a））。在某些条件下显然并没有其他约束性的障碍，如果没有的话这一过程将会反复进行。在 4.3 节中将提到，确定了最好的方向和形状就可以提供最优的跟随 PELC，尤其是在获得 μ（见式（2.3））的最优值时效果最显著。

此外，最终目标 $T = (x_f, y_f)$（在环境中没有任何特定的方向）将会被指定一个参考坐标系（R_T），这个参考坐标系以 (x_f, y_f) 为原点，坐标轴是正交的，其方向与全局参考坐标系一致，这样会使其他参考坐标系的应用具有统一性。值得注意的是，这种参考坐标系 R_T 将会应用于 4.3 节提出的规划方法中，并且在第 5 章，每个环境中的中间目标都会对应一个合适的参考坐标系以继续引导机器人的航向（从一个中间目标到另外一个）。在某些条件下，显然并没有其他约束性的障碍，如果没有的话这一过程将会反复进行。

2.4　导航子任务的同步设定点定义

多控制器架构的设计旨在把全局复杂的任务分解成多个子任务来完成（如目标到达、沿墙跟踪、避障，等等）（见 1.4 节）。根据这些通过认知或者反应的方式去执行的基本子任务（见 1.3.2 节），可以看出通常机器人必须跟随/追踪一条路径/轨迹，或者是到达/跟踪一个特殊的目标。本节内容旨在为众多机器人导航子任务提出一个统一的都可接受的期望路径点的定义，以简化控制架构的设计。

正如在 1.5 节中所述，静态和动态目标的应用可以引出一个更加灵活的定义机器人子任务的方式，因此在工作中将进一步引入期望目标路径点，该点由位姿（x_T, y_T, θ_T）和其速度 v_T 所定义。在接下来的 2.4.1 ~ 2.4.3 节中，将会突出强调期望路径点方程对于定义机器人行为是足够通用的。值得注意的是，一旦在每个样本时间点确定了期望路径点，那么通过一个可靠的控制策略去到达或者跟踪这些已分配的期望路径点是非常重要的。为了能做到这一点，在 3.2 节重定义的一个可靠的控制策略可把跟踪误差稳定为零。

2.4.1 基于全局规划路径的跟踪目标期望路径点

第一种特定的情况对应于一条已知的全局路径，这条全局路径已经使用如 PELC 等方法定义好了（见 4.3 节）。事实上，在某些特定的情况下（如静态环境），机器人完全能够尽可能精确地跟踪路径而无须改变最初的规划结果，在这类情况下，文献［Samson，1995］提出的 Frenet 参考坐标系被用来提取机器人的期望路径点。每个采样周期的目标期望路径点，可以通过以下参数给定（见图 2.6（a））：

（1）位置坐标（x_T, y_T），对应于关于参考坐标系 X_mY_m 原点的预规划路径的最近位置，（x_T, y_T）点对应于 Frenet 参考坐标系 X_FY_F 的原点。

（2）航向角 θ_T，对应于 X_GY_G 参考坐标系下路径的正切值。

（3）速度 v_T，可以是常量或者变量。

2.4.2 基于局部规划路径的跟踪目标期望路径点

这里期望路径点的设置被代入已生成的 PELC 轨迹线内（见 2.3.1 节），但是同样的原则也可适用于任何由局部规划器在线生成的局部轨迹。

当环境不是完全已知或是动态时，应用反应式导航控制是更好的选择（见 1.3.2 节）。在这种情况下，当前的 PELC 可用作初始设置，而在每一个采样周期内，则采用当前的机器人构形状态。如图 2.6（b）所示，目标期望路径点由以下参数给定：

（1）位置（x_T, y_T），对应于圆与已经规划好的 PELC 的交点，该圆以参考坐标系 X_mY_m 的原点为圆心、以 R_S 为半径。

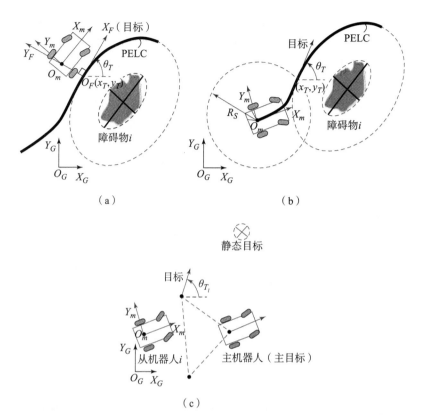

（a）

（b）

静态目标

（c）

图 2.6　基于全局规划路径(a)、
局部规划路径(b)、通用静/动态目标设定目标点(c)
（a）Frenet 参考系；（b）欧几里得距离 R_S；（c）笛卡儿配置

（2）航向角 θ_T，对应于 PELC 轨迹在 $X_G Y_G$ 参考坐标系下在交点 (x_T, y_T) 的正切值。如果 $R_S = 0$，机器人就只能施加航向控制。的确，因为机器人已经在计算好的 PELC 中，只需控制它的航向 θ_T。这种简单的控制已应用于文献〔Adouane，2009b〕和〔Adouane 等，2011〕中。

（3）速度 v_T，可以是常量或者变量。

2.4.3　总体目标到达或跟踪期望路径点

如图 2.6（c）所示，最后一种特定的情况对应于一般情况，这种情况下机器人必须到达或者跟踪一个静态或动态的目标 $(x_T, y_T, \theta_T, v_T)$。可以处理这种目标定义的子任务对应着所有期望路径点不限于在特定路径内变化的情形。可以通过下面这些例子来说明：

（1）对于静态目标，正如图 2.2 所给出的，期望路径点可以对应最终的机器人目的地。这些期望路径点也可以对应于一个机器人会连续通过的环境中合适的路点（第 5 章会给出一个完整的例子来显示这种导航策略）。

（2）对于一个动态目标，目标期望路径点可以作为跟随机器人（如图 2.6（c）中所描述），去跟踪一个相对于领航机器人目标的次要目标。第 6 章重点关注多机器人系统，将会更好地突出这种目标期望路径点的定义。

2.5　全反应式导航多控制器架构

2.5.1　主要结构

本节将介绍以下两个简单的多控制器架构（见图 2.7），该控制器将作为突出主要组成部分的基本结构，在混杂环境中进行灵活可靠的导航。当应用自底向上的结构原理来表征控制器架构时（参见 1.4 节），会增加这些简单控制器架构的复杂性，从而允许我们在第 3 章分析机器人导航系统的整体稳定性和平顺性，在第 4 章增加更高级的功能（规划和重规划）。

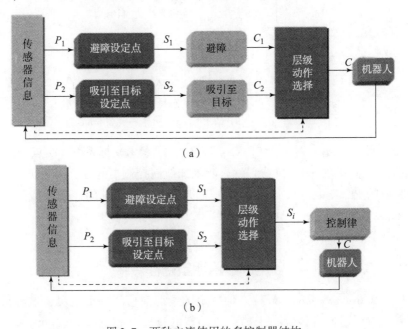

图 2.7　两种主流使用的多控制器结构

（a）基于非统一化控制律（结构 1）；（b）基于统一化控制律（结构 2）

　　在说明图 2.7 中两个控制器架构的区别之前，有必要先给出机器人基本行为（控制器）的定义。在下文中，每个机器人控制器都是由一个专门的期望路径点和一个稳定的控制算法模块组成的，从而安全可靠地实现期望的机器人行为。如图 2.7（a）、（b）所示，结构 1 和结构 2 在使用的控制算法方面是不同的。事实上，结构 1 有两个不同的控制算法，而结构 2 中两个期望路径点模块共用一个控制算法。

　　有趣的是，我们可以看出结构 1 有更少的约束。在某种意义上，这两个控制器（行为）可以有完全不同的期望路径点和控制算法定义。结构 1 是将两个已经稳定的基本控制器整合在一个结构中，而不用协调期望路径点和控制算法。这种多控制器架构可能存在的缺点是它难以简单地分析整个控制架构的稳定性（因为它可能采用不一致的控制算法），这一点将在第 3 章进行深入讨论。

　　图 2.7 所示的两个简单的多控制器架构，可用来控制不同基本模块之间的交互，构成这些架构的每个模块的主要特性将在下文进行详细说明。

2.5.2　传感器信息模块

　　利用机器人的传感器和任何已知的环境数据（如使用路线图），传感器信息模块负责检测/定位/表征环境中的所有重要特性。就图 2.7 给出的基本架构来说，本模块主要是提供所有感知到的障碍物和机器人相对于最终目标的位置（见图 2.2）。

　　在 2.1 节中，构形参数 (h, k, A, B, Ω)（参见式（2.1）和图 2.2）得到的包络椭圆（SE）表征了各种可能的障碍物（障碍物/墙/行人等）的特性。虽然感知方面不是本书研究的主要议题，但是了解这些表征对于完成可靠安全的导航十分重要。很多文献提出了用椭圆包络不确定数据的不同方法 [Porrill，1990；Welzl，1991；Zhang，1997；De Maesschalck 等，2000]。在文献 [Vilca 等，2012b] 中，给出了确定包络椭圆不同方法的综述。这种表征在离线（如使用路线图）或者在线（如使用环境中的摄像头 [Benzerrouk 等，2009] 或者机器人红外传感器 [Vilca 等，2012c]）情况下都确定是可行的。显然，与障碍物检测和表征相关的最具挑战的问题是机器人必须仅通过自身的传感器在线识别环境 [Vilca 等，2013a]（全反应式导航就是这样）或者局部性地融合数个机器人给出的数据 [Lozenguez 等，2011a；Vilca 等，2012a]。同样数据分割仍然是亟待解决的又一重要难题 [Rodriguez，2014]。

　　在文献 [Vilca 等，2012b] 中，SE 的参数是通过机器人移动时在线获得的（参见图 2.8）。为了完成该项任务，在获取不确定遥测深度数据序列时使用了多种方法。图 2.9（a）、（d），图 2.9（b）、（e）和图 2.9（c）、（f）分别表示运用最小二乘法、协方差法和启发式方法在两个时间（$t = 3$ s，9 s）位置上获得的 SE 参数。此外，从图 2.10 中可以看出，最小二乘法和协方差法获得的 SE 参数可能会突然变化，而使用启发式方法获得的椭圆参数变化更加平滑，从而更好地包络检测到的障碍物（参见图 2.9）。识别得到的椭圆参数的变化平滑度使机器人在混杂环境中平稳地进行避障。这项工作的进一步扩展已经在文献［Vilca 等，2012c］和［Vilca 等，2013a］中通过使用扩展卡尔曼滤波器（EKF）和适当的次优启发式方法来实现，从而确保所有获得的不确定范围数据确实被计算的椭圆过滤和包络，并且 SE 参数的变化总是保持平滑。

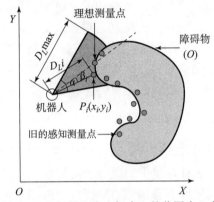

图 2.8 以机器人为坐标中心的范围为 N 的
数据集的极坐标表示$(D_{Li}, \beta_i)|_{i=1,2,\cdots,N}$图

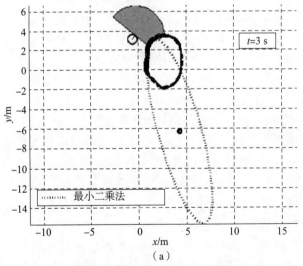

图 2.9 利用不同研究方法求得的包络椭圆变化图

（a）最小二乘法，$t = 3$ s；

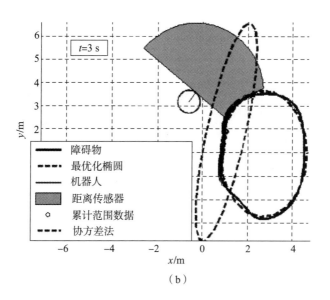

（b）

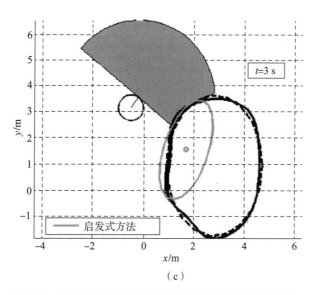

（c）

图 2.9　利用不同研究方法求得的包络椭圆变化图（续）

（b）协方差法，$t=3$ s；（c）启发式方法，$t=3$ s；

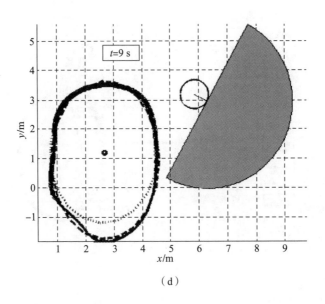

（d）

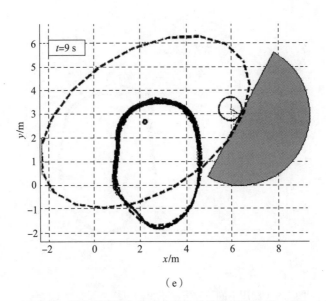

（e）

图 2.9　利用不同研究方法求得的包络椭圆变化图（续）

（d）最小二乘法，$t=9$ s；（e）协方差法，$t=9$ s；

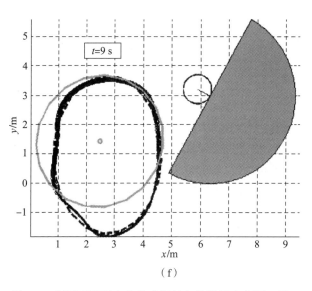

（f）

图 2.9　利用不同研究方法求得的包络椭圆变化图（续）

（f）启发式方法，$t = 9$ s

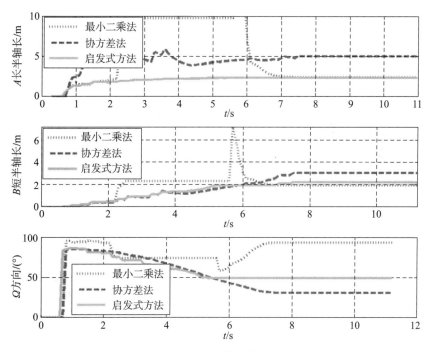

图 2.10　包络椭圆估计参数变化图

2.5.5 节将展示使用这些感知技术作为反应式避障控制器输入的一些测试效果，这些感知模块将用于后续的不同章节，例如 5.5.2 节中的 VipaLab 编队避障场景。

2.5.3　分层动作选择模块

为了获得一致性好且可靠的控制架构，掌握构成多控制器架构的各个控制器之间的协调方法十分重要（参见 1.4 节）。第 3 章将提供不同开发技术的更多细节，以确保这种架构的整体可靠性和平滑度。

在图 2.7 所示的简单架构中，一个控制器的激活有利于另一个控制器完全以分层方式实现，比如布鲁克斯最初在文献［Brooks，1986］中提出的包含原则。算法 1 给出了控制器激活的逻辑（"避障"和"吸引至目标"）。总之，一旦存在至少一个可能阻碍机器人朝向最终目标移动的障碍物，"分层动作选择"模块就会激活避障控制器。因此，机器人的局部刺激只负责触发控制器之间的切换。

算法 1：分层动作选择
输入：最近的约束障碍物的所有参数 (h, k, Ω, A, B)（参见算法 2）；K_p 的值（偏离障碍物的期望最小安全距离）；当前最终目标定位 (x_f, y_f)。
输出：定义控制器激活。
1 if 存在至少一个障碍物（参见算法 2）then
2　激活**避障**控制器（参见算法 3）
3 else
4　激活吸引至目标控制器
5 end

2.5.4　期望路径点模块

这些模块以传感器信息模块传来的感知信息 P_i 作为输入，负责为每一个专用控制器提供合适的期望路径点。

如 2.4 节所述，每个控制器（子任务）采用的同类期望路径点定义具有以下构形参数 $(x_T, y_T, \theta_T, v_T)$，包含了所需达到或跟踪的期望目标的姿态和速度信息。下面将给出"避障"和"吸引至目标"控制器所需的期望路径点定义。

2.5.4.1　反应式避障控制器

该控制器的目标是通过高度反应性（较少计算时间，无须高级认知（参见1.3.2节）避开任何阻碍机器人朝最终目标移动的障碍物。在下文中，仅仅用 PELC 的一个简单公式（参见2.3.1节）来执行反应式避障。PELC 的实际控制潜力将在第4章详细阐述。事实上，在4.3节，在局部或者全局规划控制中，最优 PELC* 可用于在混杂环境中进行复杂的导航，本章 PELC 用于全反应式导航。实际上，与 PELC* 相反，本节中反应式导航将使用带有固定 μ 值的 PELC（参见式（2.3）），而不是用对应于 PELC* 的最优 μ^* 值。此外，所使用的参考坐标系（参见2.3.2节）和避障行为仅使用简单的规则。尽管进行了上述简化，但2.5.5节进行的仿真和实验仍然可以说明所提出的全反应式导航控制在混杂环境中的效率。

算法2：获得最阻碍通行障碍物

输入：机器人视角的障碍物的所有参数 (h, k, Ω, A, B)（参见式（2.1））；K_p 的值（偏离障碍物的期望的最小安全距离）；当前最终目标定位 (x_f, y_f)。

输出：最阻碍通行的障碍物序号 k（如果存在）。

1 for　障碍物 i do
2　if 障碍物是最阻碍通行的（即，它在线 "L"（连接机器人和目标（参见图2.2））和平行椭圆之间有一个交点）then
3　　添加障碍物 i 到障碍物列表
4　end
5 end
6 障碍物列表非空 then
7　提取障碍物列表序号 k 对应的距离机器人最近的欧几里得距离 D_{RO}
8　if 两个或两个以上障碍物有相同的 D_{ROi} then
9　　选择 D_{PROi} 值最小的障碍物（参见图2.2）
10　　if D_{PROi} 值也相同 then
11　　　选择任意一个障碍物
12　　end
13　end
14 else
15　没有阻碍通行的障碍物，环境安全
16 end

算法3中定义的反应式避障算法是根据刺激 – 响应原理开发的，执行这种全反应式避障行为，至少要做到：

（1）检测需避开的障碍物（参见算法2）。

（2）决定避障的方向（顺时针或者逆时针方向）。

（3）定义判断障碍物是否被完全避开的避障标准。

所有以上因素必须在控制方法中进行定义和应用，这样可以确保机器人轨迹的安全、平顺，避免发生死锁或局部极小等情况，保证应用控制算法的稳定性。实现全反应式避障算法的必要步骤包括：

（1）在每个采样时间，运行算法 2 来获得影响最大的障碍物序号"k"（译者注：一般情况下，最近的障碍物影响最大）。

（2）在确定最近的障碍物后，需要确定机器人相对于障碍物的反射行为：顺时针或逆时针方向回避；处于排斥或者趋近阶段（参见算法 3）。在正交参考坐标系中，区分对应于 4 种特定机器人位置的 4 种可能的机器人行为，其相应位置关系如图 2.11 所示。文献［Adouane，2008］或［Adouane 等，2011］所使用的每个障碍物相关联的参考坐标系 R_{OT}，使得机器人作出决定更加简单，从而更适合反应式导航。这个特定的参考坐标系具有以下特性（见图 2.11）：

①一般情况下（参见图 2.5（a）），X_{OT} 轴连接障碍物中心（x_o，y_o）和最终目标中心（x_f，y_f），轴朝向目标。

②Y_{OT} 轴垂直于 X_{OT} 轴，并按照三角形法则进行坐标轴定向。

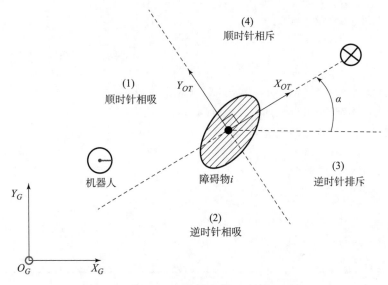

图 2.11　4 个包围障碍物的具体避障区域

（3）由于获得的参考坐标系总是正交的，为了获得机器人在坐标系 R_{OT} 中的位置，应用式（2.6）给出的一次变换就足够了。根据这种定位方法，机器人能够更容易地推断其反应式行为。例如，变量 y_{RO}（在 R_{OT} 中机器人的纵坐标）的符号可用来确定避障的合适方向，若 $y_{RO} \geq 0$，则选取极限环顺时针方向；否则，选逆时针方向。然而，如果避障控制器在 $(t - \delta T)$ 瞬间已经激活，为了避免局部极小和死点，就选择上一个时刻对应的方向（这个方向被迫趋向前面所采取的方向）[Adouane, 2009b]。这些简单的法则可减少机器人达到最终目标的轨迹长度。此外，从算法 3 中可以看出，x_{RO} 的符号用来确定机器人是否正处于排斥或者趋近阶段（参见图 2.11）。在排斥阶段，极限环用一个增加量 K_p 来保证机器人轨迹的平滑度。2.5.5 节给出了几个实例来说明所提出的全反应式导航在混杂环境中的效率。

算法 3：基于平行椭圆极限环 PELC 的反应式避障期望路径点定义

输入：最近的约束障碍物 i 的所有参数 (h, k, Ω, A, B)（参见式（2.1））；μ 的值和期望偏距 K'_p 的值（参见式（2.3））；当前最终目标定位 (x_f, y_f)。

输出：基于 PELC 需要到达的期望路径点 $(x_T, y_T, \theta_T, v_T)$。

Ⅰ）获得 PELC 偏距 "K_p"

1 if $x_O \leq 0$ then

2    $K_p = K'_p - \xi$（趋近阶段）

3 |当 $\xi \leq$ Margin，此时 ξ 是一个较小的常数，从而确保机器人不会非常接近期望的平行椭域（PEI）（可能造成机器人轨迹的振荡）|

4 else

5 |躲避标准：顺利走出障碍物的平行椭圆域|

6    $K_p = K'_p + \xi$（排斥阶段）

7 end

Ⅱ）获得 PELC 方向 r（顺时针或逆时针，参见式（2.3））

8 if 避障控制器在 $(t - \delta T)$ 瞬间已经激活 then

9   取上一个方向，即 $r = r_{previous}$，|这样可以避免导致死点等冲突性情况的发生|

10 else

11    $r = \text{sign}(y_{RO})$（参见式（2.6））

12 end

Ⅲ）反应式避障设定点

13 |已知最近的约束障碍的参数、μ 的值，根据获得的 K_p 和 r 的值，平行椭圆极限环（$\dot{x}_s, \dot{y}_s$）就可以根据式（2.3）完全定义。取 R_s 时，根据 2.4.2 节（参见图 2.6（b）），可以得到追踪目标满足：|

$$\begin{cases} (x_T, y_T) = (x, y) // 机器人当前位置 \\ \theta_T = \arctan\left(\dfrac{\dot{y}_s}{\dot{x}_s}\right) \\ v_T = \text{constant} \quad //为简化起见，v_T 取为常数 \end{cases}$$

另外，值得一提的是，为了能够更加简单地使用算法3，PELC可以被描述为与圆形极限环一致的、简单的形式。事实上，在式（2.3）中，如果$A = B$（这意味着被检测到的障碍物被一个圆所包围），PELC就能够被简化成下式表示[Adouane，2009b]：

$$\dot{x}_s = ry_s + \mu x_s(R_c^2 - x_s^2 - y_s^2)$$

$$\dot{y}_s = -rx_s + \mu y_s(D_c^2 - x_s^2 - y_s^2)$$

$$(2.8)$$

式中，$R_c = R_O + K_p$，是聚合圆的半径，R_O是包围着检测到的障碍物的圆的半径。图2.12显示了当$R_c = 1$时所得到的极限环。从图中可以看到，包括圆内的点在内的所有点（x_s，y_s）的运动轨迹全都向着圆环。值得一提的是，为了使得被检测到的障碍物能够被一个圆环包围住，要么$R_O = A = B$（障碍物已经是圆形），要么R_O被设置成A（包络椭圆SE的长轴值（参见图2.2））。

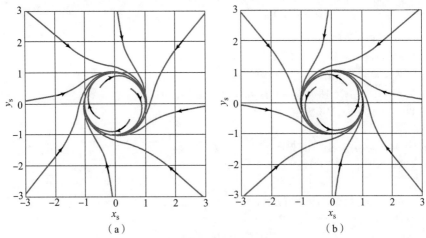

图2.12　不同形状的圆形极限环

（a）顺时针；（b）逆时针

正如任何反应式导航一样（参见算法3），用一些简单的规则来管理那些有冲突发生的情况是非常重要的，这主要是由于反应式导航假定是局部对环境刺激的反应，而非全局或复杂的环境知识，也不是高级认知（参见1.3.2节）。文献[Adouane，2009b]详细描述了局部反应的具体规则，来克服局部极小与/或死锁。

一旦获得反应式避障期望路径点（参见算法3），就足以使用在3.2节中定义的一种稳定控制方法来进行目标跟踪控制。控制方法的选择明显取决于所使用的机器人的结构（独轮车（参见3.2.1.2节）或三轮车（参见3.2.2节））。此外，根据在算法3中得到的期望路径点，所使用的控制将会简化为航向控制［Adouane 等，2011］。

2.5.4.2　吸引至目标控制器

获得此控制器的期望路径点，只需知道最终的目标位置 (x_f, y_f)，而期望路径点可由下式求得：$(x_T, y_T, \theta_T, v_T) = (x_f, y_f, 0, 0)$。事实上，该控制器的目的是获得一个具有任何角度值的静态目标，然后选择令 $\theta_T = 0$。

一旦得到期望路径点，就可以使用在 3.2 节中定义的一种稳定控制方法来达到目标。需要注意的是，根据上面给出的关于"吸引至目标"和"避障"控制器的定义，可以得出无论是结构 1 或结构 2（参见图 2.7）都可以用来执行目标导航。当考虑控制器之间的过渡阶段时，对于两个多控制结构的稳定性分析将会在第 3 章详细阐述。

在下文中，几个仿真和实验将显示所提出的多控制器架构在杂乱环境中进行反应式导航控制的相关性。

2.5.5　仿真和实验结果

为了验证所提出的多控制器架构（参见 2.5.1 节）的效果，进行了几次仿真和实验，下面给出部分测试结果。

第一个仿真实验，着重于验证所提出的基于反应式避障方法的极限环性能（参见 2.5.4.1 节）以及在线障碍物检测和表征方法（参见 2.5.2 节）。采用一个半径 $R_R = 0.065$ m，安装了 6 个红外测距传感器的移动机器人，其最大检测范围等于 $D_{L\max} = 0.30$ m（参见图 2.8）。这些传感器安装在机器人的前面，且每对传感器间隔 30°。根据传感器参数，这些传感器的精度为 $D_{L\max}$ 的 10%。在该仿真测试中考虑不确定性范围，其最大值为 $D_{L\max}$ 的 20%，作为最差的范围值。

图 2.13（a）显示了一个在有 3 个障碍物存在的环境中运行的机器人的轨迹（包括顺时针和逆时针方向的避障）。红色点代表在机器人运动过程中传感器给出的距离信息。每当检测到一个新障碍，用于计算椭圆参数的距离数据缓冲区就会更新。图 2.13（b）表示了有效的椭圆障碍物与机器人在其运行轨迹上的位置的最小距离，这可以通过启发式方法来计算（红色虚线），或者通过启发式方法和扩展卡尔曼滤波方法相结合来计算（绿色实线）。最后一幅图证明了当使用启发式方法与扩展卡尔曼滤波方法相结合时，机器人将不会与任何障碍物相碰撞，有更好的安全性。总而言之，图 2.13 中描述的仿真实验是在障碍物被实时检测到并表征的情况下进行的，其结果证明了这种情形下机器人导航控制的安全性和平顺性［Vilca 等，2013a］。

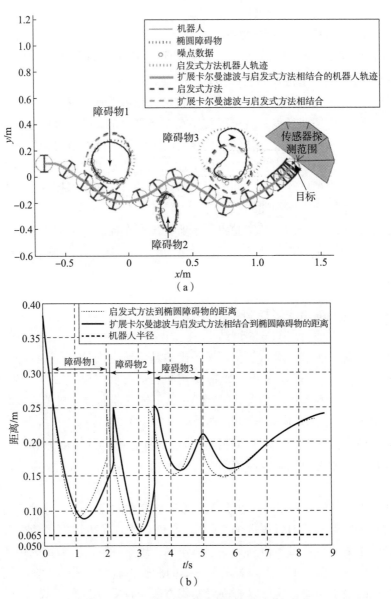

图2.13　（a）利用全反应式导航的机器人轨迹，以及启发式方法和
扩展卡尔曼滤波法（EKF）获得障碍物包络；
（b）机器人与椭圆障碍物之间的距离曲线

　　此外，为了显示本书所提出的完全反应式导航的效率，在不同的混杂环境下进行了大量仿真测试，对其结果进行统计分析。进行了1 000个不同的仿真实验，每个实验均随机地设置了几十个障碍（参见图 2.14 的两个测试实例）。需要注意的是，每一个障碍都存在参数的不确定性，这代表了机器人所使用红外传感器测试结果的不准确特性。结果表明，97% 的测试实验中，机器人能够在有限的时间内平滑地到达目标，同时克服了碰撞、局部极小和死锁现象（参见图 2.14）。与对反应性导航施加的限制/约束相比，这是一个令人鼓舞的结果，例如没有计划步骤，没有关于环境的全局信息等。3% 的失败仿真，主要是由一些特定的障碍物配置（机器人和目标之间得不到自由路径的解）和大量输入噪声导致的。

　　此外，我们还做了几组采用 Khepera 机器人（参见附录 A）的实验。图 2.15 所示为第一个实验，其中机器人的位置和障碍物特性是由位于实验平台顶部的相机信息获取的（参见附录 A）。可以看出，机器人在避开了两个分别包围着椭圆的障碍物后，在 t_e 时刻成功抵达它的目标［Adouane 等，2011］。图 2.16 所示的另一个实验中，机器人使用红外传感器，并应用基于本书所提出方法的扩展卡尔曼滤波算法来表示检测到的障碍物［Vilca 等，2013a］。最后一个实验展示了本书所提出的完全反应式导航控制方法在混杂环境中的有效性。

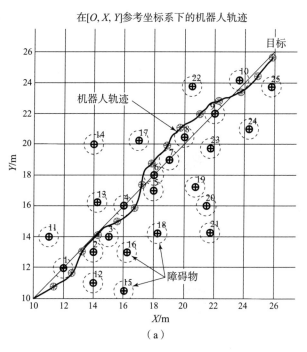

图 2.14　利用反应式导航得到的机器人平滑轨迹曲线

（a）利用圆形极限环

在[O, X, Y]参考坐标系下的机器人轨迹

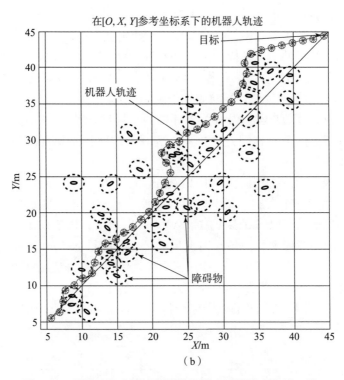

（b）

图2.14　利用反应式导航得到的机器人平滑轨迹曲线（续）

（b）利用椭圆极限环

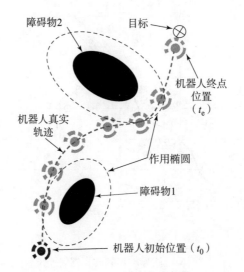

图2.15　利用开发平台得到的机器人轨迹顶视图

在混杂环境中使用 Khepera 或 Vipalab 机器人的其他导航实验，将在第 5 章和第 6 章说明。

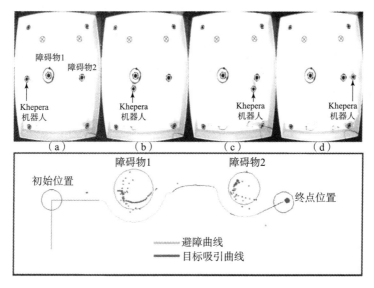

图 2.16　机器人轨迹顶视图及红外观测范围数据

2.6　结论

本章介绍了奔向特定目标的自主机器人导航的通用框架，介绍了两个主要的控制器（"避障"和"吸引至目标"），它们将会在本书中得到广泛应用。

本章还提出了一种基于构形 $(x_T, y_T, \theta_T, v_T)$ 目标到达/跟踪的同类期望路径点定义，同时着重强调了这些期望路径点是通用、灵活的，可以用于定义很多种不同的机器人子任务。除其他方面外，期望路径点协调也是为了简化本书所提出的多控制器架构的设计。事实上，通用的期望路径点让我们可以在同一控制架构中使用专门的控制算法，而避免使用多个期望路径点公式和多种控制律，因为这可能会导致复杂的稳定性分析。单个控制器以及整体多控制器架构的稳定性分析将在后续章节中阐述。

本章的大部分内容致力于描述和定义所提出的避障控制器，它是在混杂/动态环境中进行安全的机器人导航的重要组成部分。此控制器的主要组成部分有：

（1）安全的运行轨迹，称为 PELC（平行椭圆极限环），使得机器人能够靠近障碍物并保持最小的设定距离。PELC 的数学表达式已经在本章中给出。

（2）特定的参考坐标系，分配给了在设定环境下的每个障碍/目标，等等。它们使我们能够引导机器人行为，并评估目前完成的子任务是否成功。

这两个要素将在本书中被广泛地使用，在不同的约束环境执行反应式导航或认知式导航。

此外，本章介绍了一个完整的多控制器架构，用于在混杂环境中进行全反应式导航。简要介绍了在线检测和表征障碍物的方法，并通过几组仿真和实验证明了所述控制架构的有效性。

■ 第 3 章

连续/离散混合的多控制器架构

本章重点介绍提出的混杂环境中移动机器人实时导航 HybridCD 连续/离散混合的多控制器架构，说明了针对目标到达/跟踪的稳定控制律，并重点讨论了如何在组成架构的不同的基本控制器之间进行稳定且平顺的切换。

3.1 引言

本章主要研究的问题是找到一种方式来证明一个整体的复杂任务实现（如在混杂动态环境下的自主导航）是否是全局有效的（如安全、平顺、可靠等）。事实上，确定一个基本障碍物的避障控制的可靠性相对简单，但如果目标也是在一组机器人中保持队形状态，那么全局分析就变得很复杂。这主要是由于要实现对抗子任务，或者存在异构控制变量/期望路径点（译者注：即这些变量是由不同的构形参数组成的）。所提出的自动控制问题可以被归纳为"是否有可能生成一个分析评价函数（控制律），以保证复杂任务的整体执行效率？"这个函数很难获得，而且在自主移动机器人背景下去定义这样的评价函数仍然是一个挑战［Benzerrouk，2010，第3章］。

如1.4节中所述和本书研究目的，降低不同目标任务的复杂性必须采用自下而上的方法。这在多控制器架构的研究工作中已经完成。连续/离散混合系统［Branicky，1998；Zefran 和 Burdick，1998；Liberzon，2003］具有以一个正式的框架去证明这种控制架构的整体稳定性与平顺性的潜力（1.4.2节）。

在描述更多关于多控制器架构（参见3.3节）整体稳定性和平顺性的细节之前，以下几节中先介绍一些关于组成架构的稳定控制器的内容。

3.2 目标到达/跟踪的基本稳定控制器

在不同的研究工作中，采用了独轮和三轮两种主要的机器人行走结构。这两种行走结构是移动机器人应用中最为常见的，因此很自然地为这两种结构定义了专门的稳定控制律。需要提及的是，李雅普诺夫稳定性分析理论［Khalil，2002］（参见附录 B）已被用于分析证明各种不同控制方法的稳定性。

回顾每种结构的有效模型之后，总结了所提出的控制方法［Adouane，2009a；Benzerrouk 等，2014；Vilca 等，2015a］。

3.2.1 针对独轮的移动机器人

独轮车控制过程可以由点 P_t 表示机器人位置，这个点并不一定位于车轮中间（参见图3.1），其通用运动学模型可由下式给出：

$$\dot{\xi} = \begin{pmatrix} \dot{x} \\ \dot{y} \\ \dot{\theta} \end{pmatrix} = \begin{pmatrix} \cos\theta & -l_2\cos\theta - l_1\sin\theta \\ \sin\theta & -l_2\sin\theta + l_1\cos\theta \\ 0 & 1 \end{pmatrix} \begin{pmatrix} v \\ w \end{pmatrix} \tag{3.1}$$

式中，x，y，θ 为独轮车在 P_t 点时的状态量，P_t 在运动坐标系 $X_m Y_m$ 下横纵坐标为 (l_1, l_2)；v 和 ω 分别对应机器人在 P_t 点的线速度和角速度。

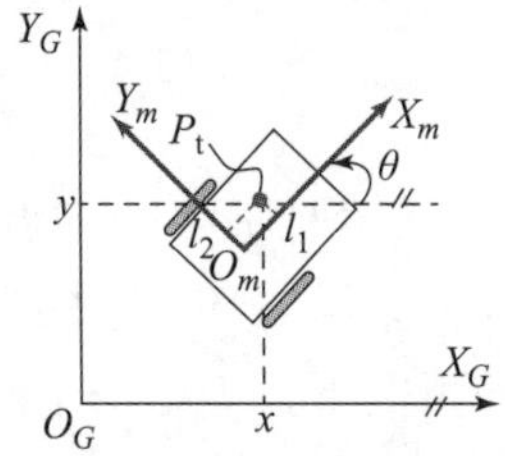

两种主要的控制方法被用于独轮车进行行驶环境中的目标到达/追踪控制。这些控制方法将会在下面章节中用于展示控制架构的不同性质。

图 3.1　全局笛卡儿坐标系 $X_G Y_G$ 下独轮车通用运动学模型

3.2.1.1　简单的静态目标到达控制

提出的静态目标到达控制方法仅用于 3.3.1 节，以强调这种连续/离散混合控制架构的行为。（参见式（3.3））如图 3.1 所示，这种控制方法能够引导机器人到达最终的静态目标 $T \equiv (x_T, y_T, \theta_T = 0, v_T = 0)$，同时控制机器人的位置处于点 $P_t = (l_1, 0)$。若该目标对应于图 2.2 中所示的最终目标，那么 $(x_T, y_T) = (x_f, y_f)$，且目标被当作以 R_T 为半径的圆形，同时必须满足条件 $l_1 \leq R_T$，以确保机器人以渐进收敛方式到达最终目标［Adouane，2009a］。此时机器人的运动学构形变量可由下式给出：

$$\begin{pmatrix} \dot{x} \\ \dot{y} \end{pmatrix} = \begin{pmatrix} \cos\theta & -l_1\sin\theta \\ \sin\theta & l_1\cos\theta \end{pmatrix} \begin{pmatrix} v \\ w \end{pmatrix} = \boldsymbol{M} \begin{pmatrix} v \\ w \end{pmatrix} \qquad (3.2)$$

式中，$\boldsymbol{M}$ 为可逆矩阵。

位置误差由下式给出：$e_x = x - x_T$，$e_y = y - y_T$。已知静态目标在全局坐标系下是固定不变的，因此有 $\dot{e}_x = \dot{x}$，$\dot{e}_y = \dot{y}$。经典的线性系统稳定控制方法可使误差渐进地稳定收敛，趋近于零 [Laumond，2001]。下面给出一个简单的比例控制器：

$$\begin{pmatrix} v \\ w \end{pmatrix} = -\boldsymbol{K}\boldsymbol{M}^{-1}e = -K \begin{pmatrix} \cos\theta & \sin\theta \\ -\sin\theta/l_1 & \cos\theta/l_1 \end{pmatrix} \begin{pmatrix} e_x \\ e_y \end{pmatrix} \qquad (3.3)$$

式中，$K > 0$ 且 $l_1 \neq 0$。

证明式（3.3）给出的控制方法的稳定性，定义如下的李雅普诺夫函数 V：

$$V = \frac{1}{2}d^2 \qquad (3.4)$$

其中，机器人到目标的距离 $d = \sqrt{e_x^2 + e_y^2}$。这样，为了保证该控制方法的渐进稳定性，$\dot{V}$ 必须严格定义为负，因此，当 $d \neq 0$ 时易证得 $d\dot{d} < 0$。

3.2.1.2　通用静态/动态目标到达/跟踪控制方法

这是第二种用于独轮车模型的控制方法 [Benzerrouk 等，2014]，更为通用，并且在本书中几次应用。如图 3.2（a）所示，机器人由其中心坐标$(l_1,l_2) = (0,0)$表示，机器人构形状态变量（x，y，θ），以稳定的方式跟踪并到达目标 $T \equiv (x_T, y_T, \theta_T)$。假设控制方法中目标速度 v_T 为线性，则其运动学性模型为

$$\begin{cases} \dot{x}_T = v_T \cdot \cos\theta_T \\ \dot{y}_T = v_T \cdot \sin\theta_T \end{cases} \qquad (3.5)$$

以渐进稳定方式进行目标跟踪/到达控制，目标由下式确定：

$$v = v_{\max} - (v_{\max} - v_T)\,\mathrm{e}^{-(d^2/\sigma^2)} \qquad (3.6a)$$

$$w = w_S + ke_\theta \qquad (3.6b)$$

式中，$v_{\max}$ 为机器人的最大线速度，自然地，v_T 要满足 $v_T \leqslant v_{\max}$；$d = \sqrt{(x - x_T)^2 + (y - y_T)^2}$是机器人中心与要到达目标间的欧氏距离（参见图 3.2（a））。

e_θ 是定向误差且 $e_\theta = \theta_{T_{\text{Setpoint}}} - \theta$，$\theta_{T_{\text{Setpoint}}}$ 由下式给出 [Benzerrouk，2014]：

$$\theta_{T_{\text{Setpoint}}} = \arcsin\left[\frac{v_T}{v}\sin(\theta_T - \theta_{RT})\right] + \theta_{RT} \qquad (3.7)$$

$\omega_s = \dot{\theta}_{T\text{Setpoint}}$ 和 σ、k 是正常数，允许我们调节机器人对目标 T 的收敛速度 [Benzerrouk，2010]。图3.2（b）显示了 σ 对机器人线速度的影响。

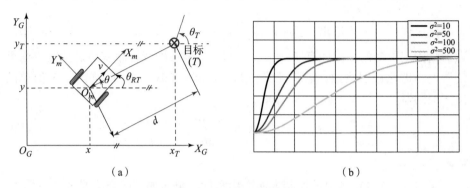

（a）   （b）

图3.2　（a）全局坐标系及自身坐标系下的独轮车和目标构形，
根据李雅普诺夫方法得到的控制变量；
（b）机器人线速度 v 随距离 d 和变量 σ 值的变化过程

式（3.6a）和式（3.6b）表示的控制方法允许距离 d 和角误差 e_θ 渐进稳定地持续减少，在有限时间内趋近于零 [Benzerrouket 等，2014]。有意思的是，该控制方法包含了一个特定的角度设定点算式（见式（3.7））以确保机器人 (x,y,θ) 朝其指定目标 (x_T,y_T,θ_T,v_T) 以渐进稳定方式移动。因此，该控制方法可以在设定点和控制方法表达式之间取得良好的平衡（参见1.3.4节）。

3.2.2　用于三轮车移动机器人的控制器

由于下面说明的控制方法 [Vilca 等，2015a] 仅适用于三轮移动机器人模型 [Luca 等，1998]，先回顾一下式（3.8）表示的著名运动学模型，同时要注意到该三轮移动机器人模型应用在 VIPALAB 模型车辆（参见附录A），事实上，该实验测试平台主要应用于城市运输，可以在沥青路面上低速行驶（速度小于3 m/s）。因此，控制方法应该需要一个运动学模型，同时假设在轮胎–地面接触面上轮胎为纯滚动，且不存在滑移。

$$\begin{cases} \dot{x} = v\cos\theta \\ \dot{y} = v\sin\theta \\ \dot{\theta} = v\tan\gamma/l_b \end{cases} \tag{3.8}$$

式中，(x,y,θ) 是机器人在点 O_m（机器人自身车体坐标系 X_mY_m 的原点（图3.3））的姿态（构形状态），γ（转向偏角）对应于等效前轮的方位角（图3.3），v 为机器人 O_m 点的线速度，l_b 为机器人的轴距。根据图3.3，w_b 对应于机器人的路径宽度，I_{cc} 是机器人行驶轨迹的瞬时曲率中心。曲率半径 r_c 由下式给出：

$$r_c = l_b/\tan\gamma \tag{3.9}$$

且 $c_c = 1/r_c$ 为机器人轨迹的曲率。轨迹曲率最小值定义为 $r_{c_{min}} = l_b/\tan\gamma_{max}$，其中 γ_{max} 为机器人前轮偏角最大值。

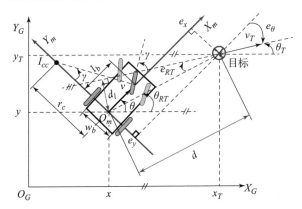

图 3.3　全局坐标系与体坐标系下的三轮移动机器人模型与目标构形状态，
图中给出了李雅普诺夫稳定控制理论意义下的控制变量

　　本控制方法［Vilcat 等，2015a］旨在令机器人驶向环境中的特定动态或静态目标。为了有一个独立的部分，对此控制律使用李雅普诺夫公式，给出主要的参量。在每一个样本时间内，被追踪的目标都被定义为 (x_T, y_T, θ_T) 以及 v_T。为了一般化，把目标考虑为一个非完整约束的点（见图 3.3），其运动特性由下式给出：

$$\begin{cases} \dot{x}_T = v_T \cos\theta_T \\ \dot{y}_T = v_T \sin\theta_T \\ \dot{\theta}_T = w_T \end{cases} \tag{3.10}$$

式中，v_T 和 w_T 分别表示目标的线速度和角速度，曲率半径可以由式 $r_{cT} = v_T/w_T$ 计算。

　　在介绍控制方法之前，先了解一下系统的控制变量（见图 3.3）。在机器人车体参考坐标系 $X_m Y_m$ 中，机器人期望位姿 (x_T, y_T, θ_T) 与当前机器人位姿 (x, y, θ) 之间存在的误差 (e_x, e_y, e_θ) 可以表示为

$$\begin{cases} e_x = \cos\theta(x_T - x) + \sin\theta(y_T - y) \\ e_y = -\sin\theta(x_T - x) + \cos\theta(y_T - y) \\ e_\theta = \theta_T - \theta \end{cases} \tag{3.11}$$

同时，需要向式（3.11）表示的基本典型误差系统中引入新的误差函数 e_{RT}（参见图3.3），需要先定义目标点与机器人位置之间的距离 d 和目标姿态角 θ_{RT}：

$$d = \sqrt{(x_T - x)^2 + (y_T - y)^2} \tag{3.12}$$

$$\begin{cases} \theta_{RT} = \arctan\left[(y_T - y)/(x_T - x)\right] & d \geqslant \zeta \\ \theta_{RT} = \theta_T & d < \zeta \end{cases} \tag{3.13}$$

式中，ζ 是一个极小的正数（$\zeta \approx 0$）。

误差 e_{RT} 是机器人在坐标（x，y）位置相对于目标姿态角的相对误差（参见图3.3），可表示为

$$e_{RT} = \theta_T - \theta_{RT} \tag{3.14}$$

采用李雅普诺夫函数表达式，V 可由下式给出（参见图3.3）：

$$V = \frac{1}{2}K_d d^2 + \frac{1}{2}K_1 d_1^2 + K_o(1 - \cos e_\theta)$$
$$= \frac{1}{2}K_d d^2 + \frac{1}{2}K_1 d^2 \sin^2 e_{RT} + K_o(1 - \cos e_\theta) \tag{3.15}$$

可以发现，式（3.15）表示的李雅普诺夫函数含有3个参数变量，它们分别是：

①目标点与机器人位置间的距离 d。

②机器人到目标点方向线的垂直距离 d_1（目标方向线指经过目标点且与目标姿态角方向一致的直线），这一项与机器人视线方向和目标点的方向有关[Siouris，2004]。

③目标点与机器人位置之间的航向误差 e_θ。

通过调节期望线速度 v 和前轮方向角 γ，能够使误差向量（e_x，e_y，e_θ，$(v - v_T)$）渐进稳定地趋近于0，从而使得 $\dot{V} < 0$。机器人期望线速度 v 和前轮偏角 γ 可由下式求得：

$$v = v_T \cos e_\theta + v_b \tag{3.16}$$

$$\gamma = \arctan(l_b c_c) \tag{3.17}$$

式中，v_b 和 c_c 的求法如下：

$$v_b = K_x(K_d e_x + K_1 d \sin e_{RT} \sin e_\theta + K_o \sin e_\theta c_c) \tag{3.18}$$

$$c_c = \frac{1}{r_{c_T} \cos e_\theta} + \frac{d^2 K_1 \sin e_{RT} \cos e_{RT}}{r_{c_T} K_o \sin e_\theta \cos e_\theta} + K_\theta \tan e_\theta +$$
$$\frac{K_d e_y - K_1 d \sin e_{RT} \cos e_\theta}{K_o \cos e_\theta} + \frac{K_{RT} \sin^2 e_{RT}}{\sin e_\theta \cos e_\theta} \tag{3.19}$$

同时，e_{RT} 和 e_θ 的初始值必须满足下述初始条件［Vilca 等，2015a］：

$$e_{RT} \in [-\pi/2, \pi/2] \text{ 且 } e_\theta \in [-\pi/2, \pi/2] \tag{3.20}$$

注意到，$K = (K_d, K_l, K_o, K_x, K_\theta, K_{RT})$ 是由控制器设计者确定的正常数增益矢量。对稳定有效的控制方法的精确分析可以参考文献［Vilca 等，2015a］。

如 2.4 节所述，不同机器人的子任务需要用统一的方式描述，即机器人必须到达/跟随/跟踪特定的期望目标点 $(x_T, y_T, \theta_T, v_T)$。本书（尤其是第 4、5 和 6 章）在进行机器人控制仿真和实验时，将会广泛应用该控制方法。

重要的一点是，需要注意所用机器人模型（独轮车模型或三轮车模型）的非完整性，及其结构约束（最大线速度和角速度），我们需要通过限制目标点的动态特性来确保机器人的实际执行机构具有目标可达性。第 6 章中使用通用控制方法控制机器人编队（独轮车模型（6.3.3 节）或三轮车模型（6.3.4 节））。

3.3　连续/离散混合控制系统架构

证明了每个基本控制器的稳定性（参见 3.2 节），可将它们放入特定的多控制器架构中去执行复杂任务。下述连续/离散混合控制架构的目标是确保整体系统的稳定性和平滑性（1.4.2 节）。这一目标实现的主要前提是要使各基本控制器之间能够协调工作。

如 1.4.1 节所述，实现控制器间的协调工作主要有两个原则：行为选择和行为融合。即使动作过程的融合也会产生非常有趣的机器人行为，如文献［Adouane 和 Le Fort-Piat，2006］中使用了一种模式运动原理，文献［Dafflonet 等，2015］多智能体系统，文献［Ider，2009］和［Boufera 等，2014］则应用了模糊逻辑原理，但它们实现的整体控制架构稳定性仍然十分复杂，甚至还不可能证明其稳定性。相对来说，即使在机器人的动作行为间发生切换的情况下，基于行为选择过程的控制系统稳定性更容易得到证明［Branicky，1998；Zefran 和 Burdick，1998；Liberzon，2003］，但是，除实现控制系统总体稳定性外，其挑战在于要实现控制平滑性。事实上，在控制器之间的转换阶段，机器人的期望路径点或控制可能会受跳变/不连续/振荡的影响（1.4.2 节），连续/离散混合控制系统的目标就是避免（或至少最小化）这些缺点带来的影响，从而获得可靠平衡的机器人导航控制效果［Adouane 和 Le Fort-Piat，2006；Benzerrouk 等，2009；Benzerrouk 等，2010a；Adouane，2013］。

在混杂未知环境中进行机器人实时导航时，连续/离散混合控制架构的特点将发挥重要作用。机器人在确保到达目标终点的同时，还需要探测环境并应对一些突发事件（如躲避障碍物）。作为对 2.5.1 节提到的系统架构的扩展，接下来将重点研究两种混合型多控制器系统架构。我们希望在这些基础架构之上，通过添加灵活且具有自适应性的控制机制，例如接下来 3.3.1 节中使用的基于自适应函数的控制算法（AF，Adaptive Function），以及 3.3.2 节中使用的基于自适应增益的控制算法（AG，Adaptive Gain），来保证整个控制系统的总体稳定性和各控制器间切换的平滑性。在混杂环境下进行的多次机器人仿真测试，证实了连续/离散混合控制系统的总体可靠性可获得稳定而平滑的机器人导航。

3.3.1　基于自适应函数的连续/离散混合控制系统架构

我们要介绍的第一种控制方法是基于自适应函数的控制算法（AF）[Adouane，2009a]，可使各个控制器之间实现一种稳定平滑的交互。首先在 3.3.1.1 节给出 AF 控制算法的总体原理和概念，然后在 3.3.1.2 节中将它应用于一个实际的多控制器架构。此外，还将在 3.3.1.2 节中提出一种特定的"安全模式"，来提高机器人的安全性。最后，在 3.3.1.3 节中进行了多次混杂环境下的仿真测试。

3.3.1.1　自适应函数 AF 的总体结构

在将 AF 算法应用到实际反应式机器人导航控制之前，下面先详细介绍组成这种通用混合控制架构的各种模块，如图 3.4 所示。

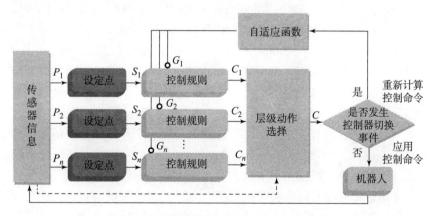

图 3.4　基于结构 1（图 2.7（a））及 AF
自适应函数的通用连续/离散混合控制架构

1. 控制算法模块

根据控制器的特性，每一个控制器都有一个特定的控制规则 F_i，该控制规则的设计遵循稳定性标准控制原则，可由下式给出：

$$F_i(S_i, t) = \eta_i(S_i, t) \tag{3.21}$$

式中，S_i 为控制器 i 的期望目标值。另一方面，为了避免控制器切换时出现严重的控制跳变（如在 t_0 时刻从控制器 j 切换到控制器 i），提出了一种具有自适应性的控制方法，使得 F_i 改写为

$$F_i(S_i, t) = \eta_i(S_i, t) + G_i(S_i, t) \tag{3.22}$$

其中，自适应函数 $G_i(S_i, t)$ 是一个严格单调的函数，由式（3.23）表示，在有限时间 $T = H_i(P_i, S_i)$ 内，$G_i(S_i, t)$ 将趋向于 0。这里时间 T 的值取决于第 i 个控制器尽可能快地与控制律 $\eta_i(S_i, t)$ 相连接时带来的危害度影响。因此，对于控制器的"安全模式"来说，这一函数显得非常重要（3.3.1.2 节中给出了一个具体的躲避障碍物实例）。

$$G_i(S_i, t_0) = F_j(S_j, t_0 - \Delta t) - \eta_i(S_i, t_0) \tag{3.23}$$

式中，Δt 表示两个期望路径点之间的控制采样时间，t_0 表示控制器期望路径点发生突变的时间。

对自适应函数 $G_i(S_i, t)$ 的定义帮助我们确保式（3.22）中的控制律在一定时间内可以趋近标称控制律的要求，即

$$G_i(S_i, t \to T) = \varepsilon \tag{3.24}$$

式中，ε 为一个约等于 0 的小常数。如图 3.4 所示，每次控制器的序号"i"发生一次切换，自适应函数 $G_i(S_i, t)$ 都会更新。

对于这种控制方法而言，面临的主要挑战是即使在 $G_i(S_i, t) \gg \varepsilon$ 时，如何保证式（3.22）中所示的控制律切换过程的稳定性。

2. 自适应函数模块

这一模块以条件判断模块作为输入（见图 3.4），从而确认是否有特定的控制器切换事件发生。如果有，就必须依据接下来将要起作用的控制器更新相应的自适应函数（见式（3.23））。当以下事件中至少一个事件发生时，需要给出用于激活自适性函数模块的不同配置参数。

（1）"分层行为选择"模块选择在各个控制器间进行切换（如 2.5.3 节所述实例中用于机器人反应式导航的这类模块）。在这种情况下，在当前时刻 t 起作用的控制器与 $t - \Delta t$ 时刻起作用的控制器是不同的。

（2）控制器 i 的期望路径点发生突变。即使起作用的控制器没有切换，这种情况也可能发生。例如，避障控制器选择要躲避一个新的障碍物（2.5.3 节）或要从"吸引阶段"切换到"排斥阶段"（算法 3）。

3.3.1.2　反应式导航的应用

将基于自适应函数 AF 的一般性控制系统（见图 3.4）应用于反应式导航

的独轮机器人模型。AF 控制算法将应用在如图 3.5 所示的结构 1 系统中 [Adouane，2009a]（每个控制器有各自的控制律），同时也能很容易地应用在结构 2 系统中（所有控制器的控制律相同）[Adouane，2013]。所使用的控制器的详细信息，包括期望路径点的定义和所使用的控制律，将在下面说明。构成控制系统的标称控制律已经通过李雅普诺夫稳定性理论给出（3.2 节）。同时，根据自适应函数 AF 算法对这些控制律的修正也将在接下来的内容里给出。

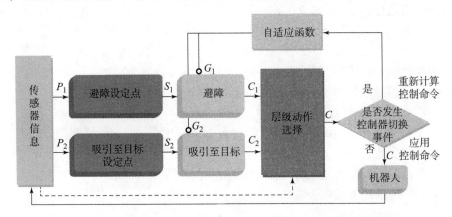

图 3.5　基于结构 1 及 AF 控制算法的反应式导航专用控制系统架构

1. 基于 AF 控制算法的目标控制器的导航方式

如本书 2.5.4.2 节所述，控制器必须能够将机器人导航到最终目标点 $T_f = (x_f, y_f)$。在 3.2.1.1 节中，通过使用标称控制律实现了这一目标。控制器关联的目标点可以简单地定义为 $T_{\text{set-point}} = (x_T, y_T, \theta_T, v_T) = (x_f, y_f, 0, 0)$。

接下来介绍如何实现 3.3.1.1 节中所述控制器间正确切换的方法，同时强调如何通过引入项 $G_A(t) = (G_{A\_v}, G_{A\_w})^T$（见式（3.22））对标称控制律（式（3.3））进行修正。考虑到式（3.4）中所给出的相同的李雅普诺夫函数，该控制律可以写为

$$\begin{pmatrix} v \\ w \end{pmatrix} = -K \begin{pmatrix} \cos\theta & \sin\theta \\ -\sin\theta/l_1 & \cos\theta/l_1 \end{pmatrix} \begin{pmatrix} e_x \\ e_y \end{pmatrix} + \begin{pmatrix} G_{A\_v}(t) \\ G_{A\_w}(t) \end{pmatrix} \tag{3.25}$$

此时，$V_1 = \dfrac{1}{2} d^2$，且机器人与最终目标点的距离 $d = \sqrt{e_x^2 + e_y^2}$。如果 $\dot{V}_1 < 0$，则这个新的自适应控制律是渐近稳定的。可以通过进一步的推导来说明其稳定性 [Adouane，2009a]，K 需要满足

$$K > \frac{-(G_{A\_v}(t)e_x + G_{A\_w}(t)e_y)}{e_x^2 + e_y^2} \tag{3.26}$$

如前文所述，G_{A_v} 和 G_{A_w} 这两个函数一定要依照 3.3.1.1 节中给出的约束来选择。事实上，这些函数的绝对值必须是随时间 t 单调递减的，且在一个特定时间 T 之后会最终等于 0。因此，为了保证 K 始终是有界的，需要保证：$-(G_{A\_v}(t)e_x$，$G_{A\_w}(t)e_y) \leqslant e_x^2 + e_y^2$，为了确保此式成立，需要使 $G_{A\_v}(t)$ 比 e_x 更快趋向于 0，且 $G_{A\_w}(t)$ 比 e_y 更快趋向于 0。

2. 基于 AF 控制算法的反应式避障控制器

如 2.5.4.1 节所述，避障控制器必须能够做出反应来避开任何阻挡机器人向目标移动的障碍物。这个控制器所需的期望路径点的定义参见算法 3。回顾一下前面所述目标点/期望路径点为：$T_{\text{set-point}} = (x_T, y_T, \theta_T, v_T) = (x, y,$ $\arctan\left(\dfrac{\dot{y}_s}{\dot{x}_s}\right), v_{\text{const}})$，其中 (x, y) 是机器人的位置；$\dot{x}_s$ 和 $\dot{y}_s$ 由局部规划 PELC 算法的微分算式得到（2.3.1 节）；v_{const} 是目标期望路径点的恒定线速度值。根据这些目标点的定义，所使用的控制过程可以简化为航向/方向控制。因此，就稳定性标称控制律而言，我们将使用式（3.6b）中所给出的方法。接下来说明实现 3.3.1.1 节描述的控制器间正确切换的方法，引入项 $G_o(t)$（见式（3.27）），对标称控制律进行修正：

$$w = w_S + ke_\theta + G_O(t) \tag{3.27}$$

式中，$G_O(t)$ 为自适应方程，令 $\dot{e}_\theta = w - w_S$，则

$$\dot{e}_\theta = -ke_\theta - G_O(t) \tag{3.28}$$

考虑使用李雅普诺夫方程 $\left(V_2 = \dfrac{1}{2}e_\theta^2\right)$ 来证明标称控制律的稳定性（3.2.1.2 节），如果 $\dot{V}_2 < 0$，则自适应控制律是渐近稳定的，$\dot{V}_2 = e_\theta \dot{e}_\theta = -ke_\theta^2 - G_O(t)e_\theta$。为保证这种新的结构的渐近稳定性，$k$ 需要满足

$$k > -\frac{G_O(t)}{e_\theta} \tag{3.29}$$

式中，$G_O(t)$ 方程的选择必须满足在 3.3.1.1 节中给出的约束，而且需要保证它必须比 e_θ 更快趋近于 0。

3. 避障安全模式

当避障控制器使用自适应函数 $G_o(t)$，且使用式（3.27）表示的控制律时，可以获得平稳的机器人运动控制，同时保证全局稳定性。然而，在 "T" 时段内（3.3.1.1 节），避障控制器的效果远不及其使用标称控制律时的效果（当 $|G_o(t)| \gg \varepsilon$ 时），此时机器人甚至会碰撞障碍物。因此为在确保控制平顺

性的同时又顾及机器人的安全性，函数 $G_O(t)$ 将机器人到障碍物之间的距离 "$d = D_{RO_i}$"（图2.2）作为自变量参数：

$$G_O(t,d) = Ae^{Bt} \tag{3.30}$$

式中，A 为 "$t - \Delta t$" 到 "t" 时刻内的控制变化量（见式（3.23））；$B = \log(\varepsilon/|A|)/T(d)$，其中，$\varepsilon$ 为接近于0的常量（式（3.24））；

$$\begin{cases} T(d) = T_{\max} & d > K_p \\ T(d) = c \cdot d + e & K_p \geqslant d \geqslant K_p - p \cdot \text{Margin} \\ T(d) = \varepsilon & d < K_p < p \cdot \text{Margin} \end{cases}$$

K_p 对应于障碍物包络椭圆与平行作用椭圆的安全距离（见2.3节与图2.2），$K_p = R_R + \text{Margin}$；$p$ 为小于1的正常数，适应最大距离 "$d = d_{\max}$"，自适应函数 AF 必须趋于0。当 p 越小时，越优先考虑安全性，而不是控制器之间切换的平滑度；$c = T_{\max}/p \cdot \text{Margin}$；$e = T_{\max}(1 - K_p/p \cdot \text{Margin})$。

因此，$T(d)$ 从 $T_{\max}$ 线性减少为0，如果机器人的距离大于 K_p，则 $T = T_{\max}$。当距离 $d < K_p - p \cdot \text{Margin}$ 时，T 线性地下降到0；当 $d < K_p - p \cdot \text{Margin}$ 时，这个方程能够完全消除自适应控制功能的影响，优先保证机器人导航的安全性。

3.3.1.3 仿真结果

本节进行的仿真实验中，对机器人在混杂环境中设置不同的构形参数，这些仿真结果能够确定所提出的基于自适应函数的控制架构的可靠性和有效性。图3.6（a）描述了所提出的控制架构（见图3.5）在使用时可以获得一个平滑的机器人轨迹，同时也显示了应用在线基于实时期望路径点的循环极限环算法时，进行顺时针和逆时针避障的结果。图3.7（a）和（b）分别显示了当不使用自适应函数时机器人的线速度 v 和角速度 ω 的变化过程，这比那些使用自适应函数时的变化更加突然（见图3.8）。

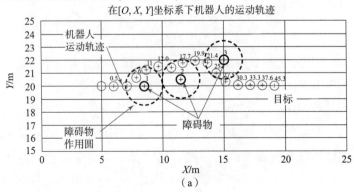

图3.6　使用基于自适应常数函数的控制结构所得到的平滑的机器人运动轨迹
（a）结构1［Adouane，2009a］；

66

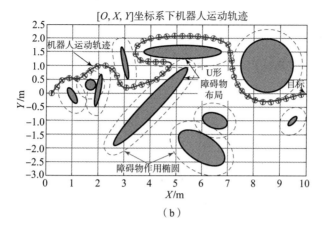

（b）

图 3.6　使用基于自适应常数函数的控制结构所得到的平滑的机器人运动轨迹（续）

（b）结构 2［Adouane，2013］

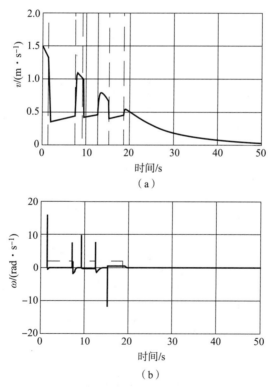

图 3.7　无自适应机制的控制效果

（a）线速度控制；（b）角速度控制

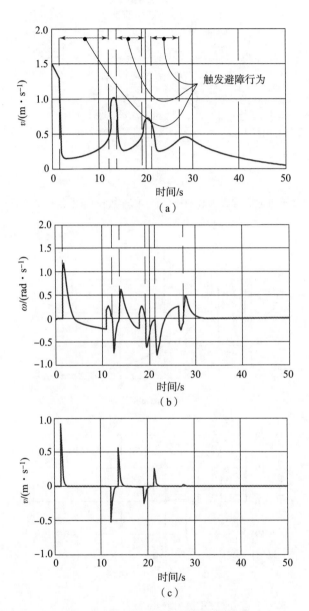

图 3.8　使用自适应机制的控制效果

（a）线速度控制；（b）角速度控制；（c）使用自适应机制的线速度控制

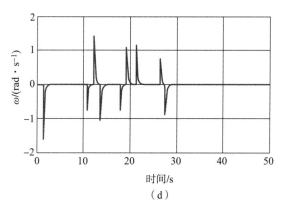

图 3.8　使用自适应机制的控制效果（续）

（d）使用自适应机制的角速度控制

此外，为了评价机器人实际运动的轨迹效果，尤其是平滑方面［Fleury 等，1993；Gulati，2011］，使用了式（3.31）和式（3.32）表示的评价标准：

$$I_v = \int_0^{T_T} |\dot{v}| \, dt \tag{3.31}$$

$$I_w = \int_0^{T_T} |\dot{w}| \, dt \tag{3.32}$$

式中，$\dot{v}$ 和 $\dot{w}$ 分别表示机器人的线加速度和角加速度，T_T 表示机器人到达目标需要的时间。根据这两项指标，可以得出 v 和 ω 的运动平滑度显著增加，分别达到 6% 和 50%。此外，为了更好地突出平滑度的控制增强效果，文献［Adouane，2013］进行了统计分析，其同时在不同的杂乱环境中进行了大量仿真测试，每个环境中都进行了带有和不带自适应功能的导航。针对每一种环境进行了 1 000 次仿真实验，并且在仿真环境中的不同位置随机放置 10 个障碍物（图 3.6（b）为具有自适应方程的实验得到的轨迹）。v 和 ω 的平滑度显著提高，分别达到了 30% 和 35%。需要注意的是，这一结果是应用结构 2 控制体系架构时得到的（图 3.14），两个控制器都有相同的控制律［Adouane，2013］。

图 3.9 所示的仿真结果与提出的安全模式是有关联的，特别是当机器人导航控制过程中非常接近障碍物时，这种关联效果尤为明显。图 3.9 分别为控制器使用或不使用安全模式时的避障效果，当不使用安全模式时，机器人将会碰到障碍物（图 3.9（a））。

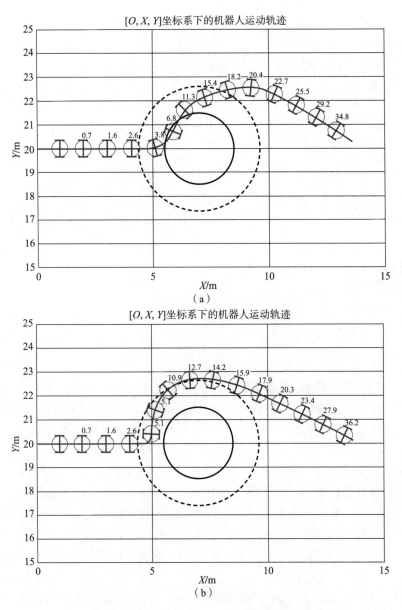

图 3.9　有无安全模式时的机器人运动轨迹

（a）无安全模式；（b）有安全模式

图 3.10 显示了自适应方程的演化过程，图 3.10（b）为启用安全模式，而图 3.10（a）为没有启用安全模式。从图 3.10（b）中可以看到，每当机器人比较危险地接近障碍物时，最大变化时间 T_{max} 都会实现插值性降低。图 3.11 显示所提出的控制结构总体是稳定的，当采用自适应安全模式时，每个控制器的李雅普诺夫函数 $V_i|_{i=1,2}$ 总能渐近下降到平衡点。

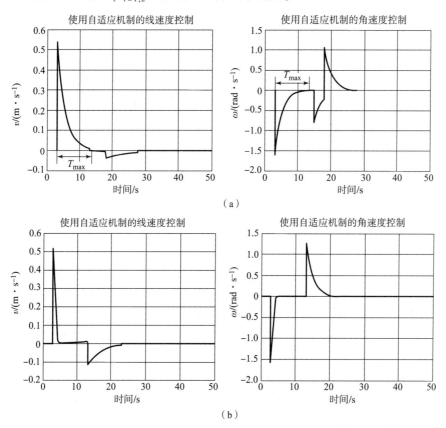

图 3.10　自适应函数中各参数的变化过程
（a）无安全模式；（b）有安全模式

3.3.2　基于自适应增益的连续/离散混合控制系统架构

第二种控制机制基于"自适应增益"（AG）[Benzerrouk，2010a；Benzerrouk，2010c]，以能稳定和平稳地管理多个控制器之间的交互。下面在 3.3.2.1 节介绍其整体原理和概念，然后在 3.3.2.2 节介绍该控制机制在多控制器架构中的应用，3.3.2.3 节给出在混杂环境中的仿真结果。

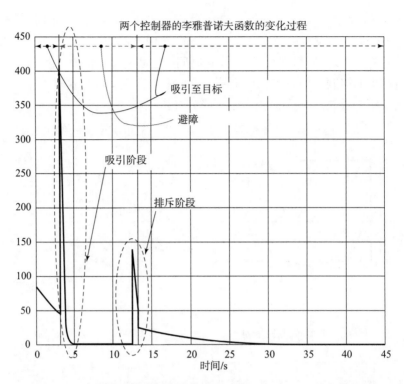

图 3.11　应用安全模式时李雅普诺夫函数（V_1 和 V_2）的变化过程

3.3.2.1　自适应增益控制架构的整体结构

在 1.4.2 节曾强调过，即使每一个独立的控制器是稳定的，也有必要限制控制器之间的来回切换，以避免整体系统的不稳定 [Liberzon, 2003]。下面提出使用多李雅普诺夫函数（MLF，Multi-Lyapunov Function）[Branicky, 1998] 作为理论基础来证明所提出的多控制器架构的稳定性。首先给出多李雅普诺夫函数的定义。

定理 3.1　多李雅普诺夫函数（MLF）

给定 N 个动态子系统 σ_1，σ_2，$\cdots$，σ_N（其中每个子系统都有位于起始位置的平衡点），N 个待选李雅普诺夫函数，V_{σ_1}，V_{σ_2}，$\cdots$，V_{σ_N}。对于每个子系统 σ_i，令 t_1，t_2，$\cdots$，t_m，$\cdots$，t_k 为这个子系统的切换时刻（同时只有一个子系统处于激活状态）。

如果总是满足：当 σ_i 处于激活状态时 V_{σ_i} 下降，并且 $V_{\sigma_i}(t_m) < V_{\sigma_i}(t_{m-1})$，则整体混合系统是李雅普诺夫渐近稳定的。

对于基本子系统 σ_i，上述定理所述的演化过程如图 3.12 所示。当 σ_i 处于激活状态时（阶段Ⅰ和阶段Ⅲ），其李雅普诺夫函数下降。当控制器切换到另一个子系统时（阶段Ⅱ和阶段Ⅳ），V_{σ_i}可能上升。然而，根据 MLF 理论，为了确保全局稳定，仅这个子系统（其他子系统也同样适用）的李雅普诺夫函数值小于系统上次切换时的值时，才必须重新激活它，图 3.12 中实例对应$V_{\sigma_i}(t_k) < V_{\sigma_i}(t_{k-1})$。

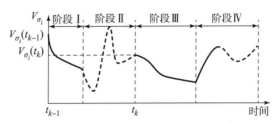

图 3.12　σ_i 子系统中李雅普诺夫函数的变化

（实线表示 σ_i 子系统处于激活状态，虚线表示没有被激活）

根据这个定理，当子系统没有被激活时，V_{σ_i}值有可能增加，必须对所有子系统进行验证，以确保混合系统的整体稳定性，这是根据某种弱稳定性定义的［Brogliato 等，1997；Liberzon，2003］。

在使用的基本多控制器架构中（见 2.5.1 节），在控制器之间相互切换的关键阶段，使用不同的李雅普诺夫函数造成的差异可能增加。这是不可避免的，是由于不同控制器设定点的不连续性或所使用的李雅普诺夫函数的异质性（控制律）引起的。为了证明所提出架构的整体稳定性，文献［Benzerrouk 等，2008］和［Benzerrouk 等，2009］应用 MLF 理论在有障碍物环境中控制移动机器人的跟踪轨迹。一般使用的多控制器架构由轨迹跟踪和避障两个基本控制器组成，每一个控制器都有其各自的控制律。为满足 MLF 定理，引入"奔向目标"控制器到初始架构。然而，由于控制结构中增加了很多约束，它不适用于高度混杂环境。事实上由于环境的未知性，控制器不可能总是处于激活状态，特别是机器人的安全没有保证时，并非只要遵守多李雅普诺夫函数定理就总能够激活一个控制器。

下面展示了当考虑机器人的完整性时保证多李雅普诺夫函数稳定性的总体原则。为实现该目标，文献［Benzerrouk 等，2010a；Benzerrouk 等，2010c；Benzerrouk，2010］考虑了所用的李雅普诺夫函数的收敛速度。事实上，如图 3.13 所示，从一个控制器 σ_j 到另外一个控制器 σ_i 的转换只有当下式成立时才会发生：

$$V_{\sigma_i}(t_s + \tau) < V_{\sigma_i}(t_{\text{bes}}) \tag{3.33}$$

式中，$V_{\sigma_i}(t_{\text{bes}})$ 是 V_{σ_i} 在上一次从 σ_i 转换到另一控制器的前一时刻的值（图 3.13）；t_s 对应转换时间；τ 对应李雅普诺夫函数满足式（3.33）所需的时间。

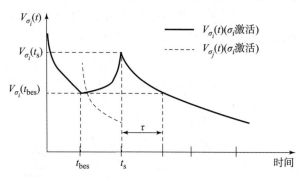

图 3.13　对应系统 σ_i 的 $V_{\sigma_i}(t_{\text{bes}})$ 值和 $V_{\sigma_i}(t_s)$ 值

根据多李雅普诺夫函数定理，当一个稳定的控制器被激活时，它必须保持 τ 时间以保证整体混合系统的渐近稳定性。为了调整控制规则以满足式（3.33），提出了以下内容：必须适当地选择 τ 值以保证机器人的结构约束和导航安全。

3.3.2.2　MLF 定理在混杂环境中动态目标跟踪的应用

下面介绍应用多李雅普诺夫函数定理（定理 3.1）和对 τ 的约束（式（3.33））来保证多控制器架构的整体稳定性（图 3.14）。这种架构对两种控制器（"目标吸引"和"避障"）使用统一的控制律，从而分别实现各自的子任务。式（3.6a）和式（3.6b）给出了稳定控制律。

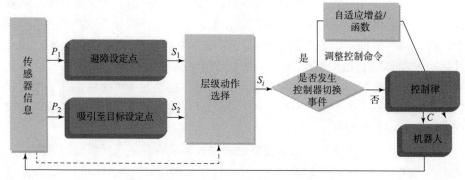

图 3.14　基于结构 2（2.5.1 节）的专用混合系统
（连续/离散）控制结构和反应式导航自适应增益

每个控制器的期望路径点定义为 $T = (x_T, y_T, \theta_T, v_T)$，并且有：
①对于"目标吸引"控制：

$$T_{AT} = (x_T, y_T, \theta_{T_{AT}}) = \arctan\left(\left(\frac{y_T - y}{x_T - x}\right), 0\right)$$

式中，(x, y, θ) 对应机器人的位姿，(x_T, y_T) 对应当前目标位置。

②对于"避障"控制：

$$T_{OA} = \left(x, y, \theta_{T_{OA}} = \arctan\left(\frac{\dot{y}_s}{\dot{x}_s}\right), v_{const}\right)$$

式中，$(\dot{x}_s, \dot{y}_s)$ 对应避障 PELC（并行椭圆极限环）（算法 3）。

以下将针对机器人的角速度（见式（3.6b））进行分析。对于处于激活状态的控制器，角度误差 e_θ 可以通过 $e_\theta = \theta_T - \theta$ 给定，其中 $\theta_T = \theta_{T_{AT}}$ 或 $\theta_T = \theta_{T_{OA}}$。因此，在每个控制器转换的同时会有期望路径点/目标点不连续情况，但是其他情况下，例如目标点突变时，也会产生这种不连续。

角度控制已经被证明是稳定的（见 3.2.1.2 节），此时李雅普诺夫函数如下：

$$V = \frac{1}{2}e_\theta^2 \tag{3.34}$$

所用的控制律的稳定性很容易被证明，因为误差 e_θ 具有以下动态特性：

$$e_\theta(t) = e_\theta(t_s)e^{-k(t-t_s)} \tag{3.35}$$

式中，$e_\theta(t_s)$ 为在转换时刻 t_s 的角度误差，转换时刻 t_s 为新控制器被激活的起始时刻。

那么，李雅普诺夫函数可变化为

$$V(t) = (e_\theta^2(t_s)/2)e^{-2k(t-t_s)} \tag{3.36a}$$

$$V(t) = V(t_s)e^{-2k(t-t_s)} \tag{3.36b}$$

通过式（3.36b）可以计算出 $V(t_s + \tau)$：

$$V(t_s + \tau) = V(t_s)e^{-2k\tau} \tag{3.37}$$

为了找到最短时间 τ，在此期间控制器必须保持活动状态直到下一次转换发生，为保证混合动力系统的渐近稳定性，τ 可根据文献［Benzerrouk 等，2010c］计算得到：

$$\tau > \frac{\ln(V(t_{bes})/V(t_s))}{-2k} \tag{3.38}$$

可以清楚地观察到，时间 τ 取决于控制律的增益 k。事实上，这一点和角度误差收敛速度是相关的，同样也与李雅普诺夫函数相关（式（3.36））。

然而，增益 k 必须始终遵守机器人结构约束（主要是最大角速度 ω_{max}）。参考文献［Benzerrouk，2010］第 3 章的推算，k_{max} 可从下式获得：

$$k_{\max} = \frac{\lambda \pi}{\mid e_\theta(t_s) \mid} \tag{3.39}$$

式中，λ 为当考虑到机器人的最大角加速度 $\dot{\omega}_{\max}$ 时确定的正实际值。

因此，根据这个最大值 $k_{\max}$ 可以减少时间 τ，进而减少下一个控制器有效激活的延迟。最小可能值是：

$$\tau_{\min} > \frac{\ln(V(t_{bes})/V(t_s))}{-2k_{\max}} \tag{3.40}$$

给定 $V(t_{bes}) \neq 0$。

当经过 $\tau_{\min}$ 时间，如果没有发生控制器切换，增益 k 应该以平稳的方式恢复其初始值 k_{ini}。在已知 e_θ 总是呈指数下降的情况下，k 满足以下动态特性：

$$k = k_{ini} - (k_{ini} - k_{\max})\tanh^2(e_\theta) \tag{3.41}$$

显然，当一个关键控制器被强制性地激活（如避障），即使没有到达 $\tau_{\min}$，当满足 $k = k_{\max}$ 时控制器也必须被立即激活，满足 $k = k_{\max}$ 时，李雅普诺夫函数会有最大收敛速度。

3.3.2.3 仿真结果

为验证所提出的基于自适应性增益（AG）控制算法来保证总体控制稳定性的效率，下面展示一些仿真结果。图 3.14 中描述的多控制器架构用于在混杂环境中进行动态目标跟踪。

图 3.15（a）和图 3.15（b）强调了即使机器人成功地到达动态目标，恒定的增益 $k = k_{\max}$ 也无法提高机器人的反应能力，使其更安全地避障。根据多李雅普诺夫 MLF 定理，系统仍然是渐近稳定的。

虽然采用了相同的导航控制初始条件，图 3.15（c）和图 3.15（d）展示了增益 k 的初始定义值根据式（3.40）变化的情况。在本次仿真中可以观察到 V 的第一次收敛时间 τ'_1（见图 3.15（d））小于当增益是恒定值时的时间 τ_1（见图 3.15（b））。因此在遵守多李雅普诺夫 MLF 定理时，避障过程更加安全。在最后一个仿真实验中，可以观察到当转换过程的影响消失时，k 回到初值 k_{ini}。最后也要注意到，机器人的角速度比增益为恒定值时变化的更为明显，但是始终没有超过最大值（最大角加速度 = 1 rad/s²）[Benzerrouk，2010，第 3 章]。

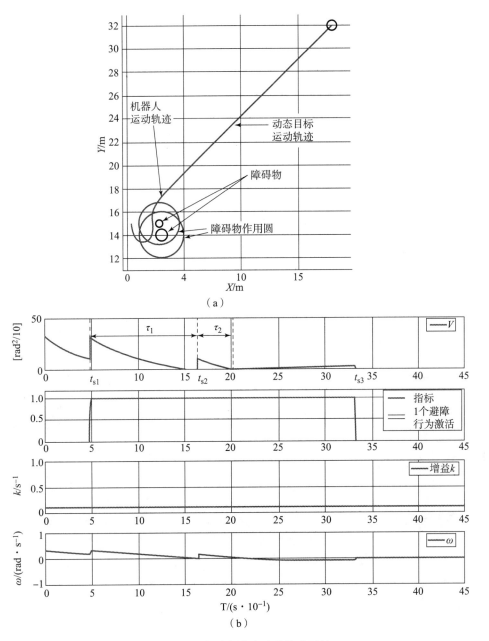

图 3.15　自适应增益过程的重要性

（a），（b）恒定增益 k

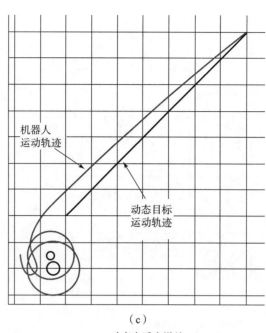

（c）

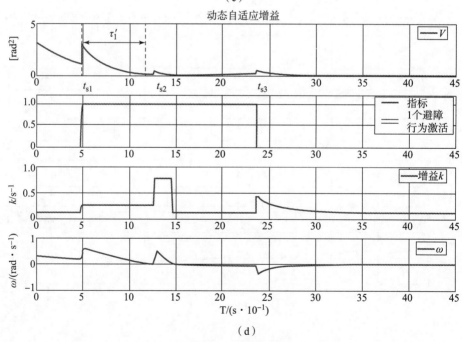

（d）

图 3.15　自适应增益过程的重要性（续）

（a），（c）机器人使用常数增益 k 或动态自适应增益时的轨迹；

（b），（d）李雅普诺夫函数 V 和角速度 ω 无或有动态增益时的变化曲线

3.4 总结

本章侧重于基础控制器以及整体混合（连续/离散）多控制器架构的李雅普诺夫稳定性。

首先，介绍了实现到达/跟踪一个静态或动态目标的控制方法。这些控制方法能够以稳定和灵活的方式控制独轮机器人［Benzerrouk 等，2014］以及三轮机器人［Vilca 等，2015a］。这与第 2 章关于同质期望路径点的定义是互为补充的。事实上，通过定义合适的期望路径点和通用的稳定控制律，可使控制误差稳定至零，最终获得高可靠性控制器来完成多个子任务。这些控制器将在后续章节中用于智能单个机器人和多机器人导航控制。

本章其余部分致力于证明多控制器架构的整体稳定性和平顺性（即使在临界转换时刻）。在简短说明多个基本控制器协调概义后，混合系统（连续/离散）可作为一个正式的框架来证明基于"行为选择"控制架构的总体稳定性。在这种控制器协调中，在实际控制架构中验证和实现了基于自适应函数（3.3.1 节）或自适应增益（3.3.2 节）两种控制算法。这些控制架构的目的是在混杂环境中实现机器人实时、平顺和安全的导航控制。仿真实验结果显示了上述不同方案的有效性。

全自主机器人导航的不同模块的可靠性和相互作用必须非常准确（1.2 节）。本章提出的控制机制为这个重要的挑战性问题做出了一点贡献。

第4章

基于 PELC 的混合反应/
认知和均匀控制架构

本章重点介绍控制架构根据机器人的情况展现出的反应和认知能力。这种混合反应/认知控制架构的主要目的是在不可预测或不确定情形下实时和安全地进行机器人导航控制，并且当环境已知时（如定位精确、大范围确定性环境感知），能够优化机器人的整体导航效果。此外，由于前几章已经介绍了反应式导航，本章将重点关注规划方法，主要针对基于 PELC 的车形机器人。之后将会详细介绍一种均匀（就期望路径点和控制方法而言）和混合反应/认知多控制器架构。

4.1　混合反应/认知控制架构

在 1.3.2 节中重点说明了反应和认知机器人行为的含义，这里综合介绍一下这两种行为的体系架构。越来越多的文献出现了混合反应/认知结构的控制架构，通过综合这些文献，可在保留这两种结构的优点的同时，最大限度地减少其缺点 [Firby，1987；Arkin，1989a；Gat，1992；Ranganathan 和 Koenig，2003；Alami 等，1998；Ridao 等，1999；Grassi Junior 等，2006；Rouff 和 Hinchey，2011]，文献中已经探讨了几种混合反应/认知控制架构。文献 [Ridao 等，1999] 中对 22 个控制架构进行了一个有趣的综述分析，重点说明了地面无人车辆（UGV）架构如何扩展到自主水下航行器（三维导航的需求和海洋环境的特殊性）。在这些文献中，混合控制体系的结构通常分为三层：

最高层负责任务规划和重规划；中间层负责激活底层行为并将参数传递给它们；而最底层（通常称为反应层）包含物理传感器和执行机构接口。认知部分（最高层）通常包含一个象征性的世界模型（基于人工智能概念），它负责规划并在机器人执行目标任务过程中做出决定，反应性较强的部分（另外两个较低级别）负责对没有复杂推理的局部事件做出反应。然而，通常这些混合架构的结构概念仍然过于复杂，导致无法管理这种架构的不同层次结构［Gat，1998；Arkin，1989a］，它们也是低均匀化的，较难处理发送到机器人执行器（最低级别）端的有效期望路径点值。目前主要在概念方面开展了很多研究工作，如使用多代理模型来管理多层控制架构［Konolige 等，1997；Busquets 等，2003；Hsu 和 Liu，2007］，而对总体控制的简单性、通用性和实现的有效性涉及较少［El Jalaoui 等，2005；Mouad 等，2012］。事实上，即使控制体系结构必须显示出良好的知识抽象和决策水平，但是在车辆底层控制方面，将这些方面转化为对车辆运动的影响也是至关重要的，这反过来又证明了控制体系结构的安全性和总体稳定性［Adouane，2013］。

如前几章所述，机器人必须在主要使用反应特征时进行导航控制（参见 1.3.2 节）。即使机器人具有的功能可满足进行可靠导航，能够展示更多的认知特征（参见 1.3.2 节），但更为重要的是要有适当的方法来定义其未来的任务/运动，同时整合更多的环境知识。其目的显然是优化其长期导航效果，因此，在目标机器人任务中，规划阶段是为了证明导航控制的最优性。这也是本书开发几种路径规划技术的主要原因。此外，本章的主要目标是针对不同环境的车辆导航，提出一种均匀和混合反应/认知控制架构（HHCA）。该控制架构能够根据环境背景（确定或不确定、动态或非动态等）来管理反应式或认知式导航的激活，它是基于一个均匀的期望路径点定义的，同时所有组成架构的控制器共享适当的控制律。

本章结构如下，在 4.2 节中，简单介绍了不同的路径规划技术；4.3 节重点提出一种用于局部和全局路径规划优化的方法，该优化方法基于 PELC 算法（参见 2.3.1 节）；4.4 节介绍了所提出的 HHCA 的细节和特点，同时说明了其不同的组成模块，4.4.4 节将对其不同特性进行大量仿真验证；最后是本章结论和展望。

4.2 路径规划方法发展概述

如 1.5 节所述，多种已有的导航技术，其中大部分是基于短期或长期的路径规划。在第一种情况下，这些技术很容易用于反应式导航（见 1.3.2 节和

2.4.2节）。在前面开展的研究工作中，测试应用了一些路径规划技术（包括短期和长期规划），其中最重要的一些方法如下：

1. 人工势场法（APF）

这一著名的规划方法简单直观，目前已有大量应用。APF已经在文献［Mouad等，2012］中被专门地用于在混杂和动态环境中进行机器人轨迹规划和重规划，并且APF规划技术已经嵌入一个总体控制架构中，称为MAS2CAR（Multi-Agent System to Control and Coordinate Teamworking Robots，用于控制和协调工作机器人的多智能体系统，参见附录A），作为决策模块来管理/组织一群机器人的活动［Mouad等，2010；Mouad等，2011a；Mouad等，2011b］。MAS2CAR架构能实现复杂的决策过程，在多机器人/多目标任务中，基于多智能体系统组织过程来定义每个机器人的轨迹。

2. 螺旋曲线

螺旋曲线的生成已经被大量研究，因其能根据路径长度（曲线横坐标）平滑曲率变化，可用于生成光滑的车辆自主导航路径［Gim等，2014a；Gim等，2014b］。这些曲线的数学方程是比较复杂的，而且对于任何初始和最终的车辆姿态的解算都不容易，已有不少文献对其进行了研究，试图得到用于生成此类路径的系统迭代方法，由此所产生的方法被用作局部路径规划器（例如，用于动态障碍物避障［Gim等，2014b］），或者用作全局路径规划器，通过连接几个基本回旋曲线来得到整个车辆路径［Gim等，2014a］。目前在实际车辆上正应用这些技术，例如静态环境中自动泊车任务或动态环境中的平滑避障。

3. 多目标优化

从以下两个方面进行介绍：

（1）路径点生成：本书工作中已经开发了基于到达顺序的路径点导航技术（参见第5章）。为了使用这种导航方法，已经提出优化技术来优化一组路径点的生成（包括数量、姿态等）。5.4节介绍了基于扩展树（OMWS-ET，Optimal Multi-criteria Waypoint Selection based on Expanding Tree）或基于网格地图（OMWS-GM，Optimal Multi-criteria Waypoint Selection based on Grid-Map）的最佳多标准云点选择方法。

（2）对于基于路径规划的PELC算法：所提出的技术将在4.3.1节中针对最佳基本PELC*和4.3.2节对全局路径规划PELC（gPELC*）进行详细说明。

4.3　基于 PELC 的最佳路径生成

接下来介绍一种优化方法，来提升 2.3 节介绍的 PELC 算法，使其能够在混杂环境中进行最优局部避障以及全局导航。这些经过优化的算法模块（PELC* 和 gPELC*）之后将集成在一个混合反应/认知多控制器架构中，并进一步形成一种均匀方法来得到车辆的期望路径点。

4.3.1　基于 PELC* 算法的局部路径生成方法

对于已定义的 PELC 路径的优化，最明显的是需要考虑到机器人的物理结构约束（非完整性、最大角速度等）。如图 4.1 所示的实例中，"PELC 规划路径"（Planned PELC Path，绿色虚线）并不是机器人实际所遵循的轨迹，实际上，在每个采样时间，机器人根据给出的算式计算新的控制设置点（参见 2.3 节）。显示的 PELC 规划轨迹对应于第一次机器人看到的障碍物的极限循环避障路径，但是该 PELC 算法并未考虑机器人的约束条件。下面将通过有效地选

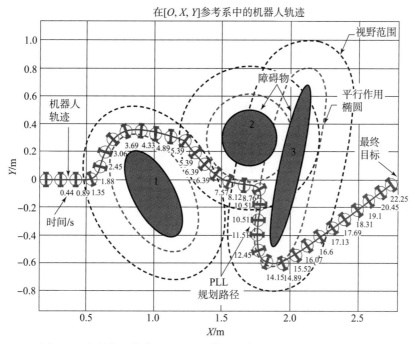

图 4.1　在混杂环境中应用 PELC 算法进行反应式导航，绿色虚线对应于初始计算的 PELC，此时对应于第一次观察到当前障碍物

择机器人初始位姿（特别是其初始航向）和障碍物参数（位置、方向、几何尺寸等），并优化 PELC 路径算法，来实现最优避障。

因此，在知道包络椭圆（SE，Surrounded Ellipse，参见图 2.2）的特征，即 h，k，Ω，A 和 B，以及到障碍物的期望偏移/安全距离 K_p（参见第 2.3 节）时，我们就可以看到，如何获得能使多目标函数最小化的最优值 μ^*，式（4.1）中评价函数值 J 包含了和 PELC 算法路径相对应特征相关的不同重要子评价标准。实际上，根据式（2.3）中 PELC 算法中的 μ 值获得的极限循环路径可以快速收敛或不能收敛到指定的 PEI（参见图 2.5（a）），但是可以允许的最小化多个评价标准的 J 参数的最优值 μ^* 是多少呢？需要注意的是，J 在评价所获得的 PELC 路径时还考虑了机器人的初始构形状态和最终达到的构形状态，这与下面 PELC 构形状态相对应，当它到达 Y_{OT} 轴（障碍物）或 Y_T 轴（目标）时相交（参见图 2.5（a））。

$$J = w_1 J_{\text{DistanceToPT}i} + (1 - w_1) J_{\text{PELC}_{\text{Length}}} + w_2 J_{\text{PELC}_{\text{Curvature}}} + \\ w_3 Bool_{\text{Maximum Curvature}} + w_4 Bool_{\text{Collision}} \tag{4.1}$$

式中，$w_i | i = 1,2,3,4 \in \mathbf{R}^+$ 是允许在表征计算的 PELC 的不同子评价标准之间进行平衡的权重常数。因此根据权重向量 $W_{\text{PELC}} = \{w_1, w_2, w_3, w_4\}$ 来定义标准 J。需要注意的是，权重 $w_1 \in [0,1]$ 如式（4.1）所示，允许在 $J_{\text{DisstanceToPTi}}$ 和 $J_{\text{PELC}_{\text{Length}}}$ 子评价标准之间保持平衡。

$J_{\text{DisstanceToPTi}}$ 是所计算的 PELC 的最终到达位置与点 $PT_i | i = 1,2$ 的距离，并根据 PELC 是顺时针还是逆时针的避障来选择其中某一点（参见式（3.3））。例如，图 2.5（a）显示了 $\mu = 0.1$ 逆时针时 PELC 的 $J_{\text{DisstanceToPTi}(i=2)}$ 值。

$J_{\text{PELC}_{\text{Length}}}$ 是获得的 PELC 路径的曲线长度，通过下式计算：

$$J_{\text{PELC}_{\text{Length}}} = \int_{s_0}^{s_f} ds \tag{4.2}$$

式中，s_0 和 s_f 分别对应于所获得的 PELC 的初始和最终曲线横坐标。

$J_{\text{PELC}_{\text{Curvature}}}$ 表征沿其长度的 PELC 总体曲率，使用下式计算：

$$J_{\text{PELC}_{\text{Curvature}}} = \int_{s_0}^{s_f} C(s)^2 ds \tag{4.3}$$

式中，$C(s)$ 表示横坐标 s 处的曲率，$C(s) = 1/\rho(s)$ 且 $\rho(s)$ 是横坐标 s 处 PELC 的曲率半径。

$Bool_{\text{MaximumCurvature}}$ 为布尔值，如果达到或超过最大可能的机器人曲率，则该值等于 1。值得注意的是，与这个子标准相关联的权重参数 w_3 是一个巨大的正值，如果获得的 PELC 路径具有至少一个配置，使机器人必须达到最大曲率（最大转向角度），那么整个评价函数 J 将会被高度惩罚，变得非常大。

$Bool_{Collision}$ 为布尔值。如果机器人与环境中至少一个被包围的椭圆相撞，那就等于 1（参见图 2.2）。需要注意的是，权重参数 w_4 与此项标准相关联，且如果机器人接近障碍物，那么 w_4 的值将非常大，趋近于∞，此时总的评价标准 J 也将趋近于∞。

根据评价标准 J，为了获得 μ^* 优化的 PELC（参见式（2.3）），应当计算出 $\partial J/\partial\mu = 0$ 这个优化参数。这个问题的数学方程是高度非线性的，因此解算很复杂，可使用数值优化方法来获得 μ^*（如使用二分法）。

在所提出的优化方法中有一个重要假设，即机器人在导航时，一次只能顺利避开一个障碍物或到达一个目标路径点，直到到达其对应的轴 Y_{OT}（或 Y_T），并切换到另一个障碍物或目标路径点，直到达到最终目标路径点的 Y_T 轴。在每次基础优化中，获得的 $PELC^*$ 将允许一个障碍规避行为或吸引至目标行为。在这两种优化过程中，获得的 $PELC^*$ 的参数分别是：

①$PELC^*((h,k),\Omega,(A,B,K_p),\mu^*)$，其中 h、k、Ω、A 和 B 是所检测的障碍物的特征，K_p 是期望安全距离。

②$PELC^*((x_f,y_f),0,(\xi,\xi,\xi),\mu^*)$，其中 (x_f,y_f) 为最终需要到达的目标点，ξ 是一个趋近于 0 的极小量。

这两个基本的行为将被用于执行不同环境中的反应式或认知式导航（参见 4.4.4 节）。下面首先介绍如何运用所提出的方法，通过应用一系列适当的 PELC 算法，来获得长期的全局车辆规划路径。

4.3.2　基于 gPELC* 的全局路径规划方法

本节将重点介绍获取最优全局路径规划（从机器人初始构形状态到最终所需构形状态）的方法。在下文中，由许多 PELC 序列组成的一个算法将用于执行基于全局的最优路径规划的 PELC（gPELC*），提出的基于全局路径规划的 gPELC* 方法，像 RRT* 技术一样 [Lavalle，1998；Karaman 和 Frazzoli，2011]，在使用基本 PELC 的同时使用了可行的无碰撞路径树，但与 RRT* 不同的是，每个单独的路径（分支）不仅是安全的，还是最适合的避免每个障碍的路径，在某些情况下，还是最优路径（参见 4.3.1 节）。因此，所获得的基于全局路径的 gPELC* 接近于引导机器人到达终点的最优路径，并且计算时间也比 RRT* 小得多，主要是由于 gPELC 提出了树扩展（参见算法 4）的推理方法，而 RRT* 中的树只是一个随着固定步长不断（随机）扩大的树，这个步长取决于机器人的恒定速度以及 $\partial T = t_{exp}$（参见 5.4.1 节）。

gPELC*的目标是让车辆从其初始构形位姿 $P_0 = (x_0, y_0, \theta_0, \gamma_0)$（参见 3.2.2 节的车辆运动模型）到达最终构形位姿 $P_f = (x_f, y_f, \Xi, \Xi)$，其中 (x_f, y_f) 对应于终点的位置，Ξ 表示任意实数值。而在本章中，不考虑车体的最终航向 θ_f 和车辆前轮转角 γ_f 的值（3.8 节）。最优方法旨在连接多个 PELC 以达到目标位置 P_f，同时保证所获得的基于全局路径的安全和平滑的 PELC（称为 gPELC）。期望的平滑路径能够为控制器生成平滑的期望路径点，从而避免执行器跳动，进而确保乘坐舒适性并保持执行机构的使用寿命 [Gulati, 2011]。显然，所提出优化方法的目的是确保车辆航向角 θ 和车轮方向 γ（参见图 3.3）的连续性，即使是在 PELCs 之间的连接点上。

为了使最佳路径规划采用顺序连接的 PELCs（gPELC*），使用图优化理论 [Harary, 1969；Bondy 和 Murty, 2008]，通过最短路径方法来优化几个可能的 gPELCs 路径。在图论中，最短路径问题对应于在图中任何两个顶点（或节点）之间找到路径，使其组成边的权重之和最小。如 4.3.1 节所示，根据 μ 的值对应于所获得的 PELC 路径的形状变化，会导致 J 值发生变化（参见式（4.1））。因此其主要思想是获得基本的 PELC 路径序列，这里需要根据合适的 μ 和方向（方向指顺时针或逆时针方向），再根据式（2.3）得到的 r 值，然后根据这些序列成本的最小化总和去引导车辆从起始点 P_0 到终点 P_f。

假设在环境中存在 N 个障碍物，每个障碍都有一个识别码 id，并被适当的平行椭圆所包围（PEI$_{id}$，参见图 2.2）。PEI$_{id}$ 主要参数为 $[(h_{id}, k_{id}), \Omega_{id}, (A_{id}, B_{id}, K_{pid})]$（参见式（2.1）和 2.3.1 节）。$id$ 对应于障碍物的标识符，$id = \{1, 2, \cdots, N\}$，如果 PEI 对应着终点目标，则 $id = f$。为了便于理解**算法 4** 中提出的整体最优路径规划，下面将给出一些定义/约定，同时说明图优化理论和树状结构涉及的条件：

（1）树 T 是一个有向根图，其中任意两个顶点仅由一条路径连接起来，路径不闭合，不存在回环。树 T 由式 $T = (V, E)$ 表达，V 是所有顶点的集合，E 是树 T 的所有边。

（2）每个顶点 $v_j \in V$ 包含一个状态 $v_j \equiv [(x_j, y_j, \theta_j, \gamma_j), \text{Parent}(v_j)] = [P_j, v_i]$，其中 P_j 对应于车辆的期望路径点到达顶点 v_j 时的状态。树根 v_0 没有父顶点且 $v_0 \equiv [P_0, 0]$。顶点 v_0 单独对应于树 T 的第 0 级（**Level$_0$**），并且 v_0 由 $S_0 = \{v_0\}$ 表示的一组顶点定义。因此 S_i 将对应于树 T 的第 i 级（**Level$_i$**），它将包含由 S_{i-1} 顶点集合生成的所有子节点。其中每个顶点满足 $v_j \neq v_0$：

①如上所述，它的父顶点 v_i 的值存在于树 T 中，因此可以得到 $v_i = \text{Parent}(v_j)$ 和 $v_j = \text{Child}(v_i)$，其中 v_i 和 v_j 是两个相邻顶点。

②包含一个 PELC 路径的最终状态（当首次到达参考帧 $\infty\ v_j$ 的 Y 轴时）。符号 ∞ 表示所考虑的顶点 v_j 链接到一个障碍物或最终目标的参考帧（参见 2.3.2 节）。记作：$v_j\infty\mathscr{R}_{id}$。

（3）每边包含一个状态 $e_i^j\in E$，其中 $e_i^j\equiv\left[\text{PELC}_i^j,\ J_i^j\right]$，$\text{PELC}_i^j\equiv\text{PELC}_i^j\ (\text{PEI}_{id},\ r,\ \mu)$ 对应于将顶点 v_i 连接到 $v_j\infty\mathscr{R}_{id}$ 的平行椭圆极限环。PELC_i^j 还包含表示 PELC 方向的 r 和表示特定形状的 μ 两个参数（参见 2.3.1 节和图 2.5（a）），这使得可以从顶点 v_i 到达顶点 v_j（参见式（2.3））。边 e_i^j 有权重 $J_i^j\equiv J_i^j(\text{PELC}_i^j)$，它对应于式（4.1）表示的 PELC_i^j。

（4）在所提出的**算法 4** 中，通过预先固定的常数 $m\in\mathbf{N}^+$ 固定来自每个顶点 v_i 的子边的数目（或者生长的分支/边）。该算法提出在每个方向（顺时针和逆时针，即在式（2.3）中 r 将分别等于 ± 1）生成 m 条 PELC 路径。在每个方向上，为预先定义集合 $S_\mu=\{\mu_1,\mu_2,\cdots,\mu_m\}$ 中给出的每个 μ 值生成多条 PELC 路径。每条生成的 PELC 路径将根据最终目标或障碍物进行定义（参见算法 4）。需要注意的是，如果 $m=1$，则是分别沿顺时针方向和沿逆时针方向产生一条最优的 PELC 路径（参见 4.3.1 节）；另外，如果 $m>1$，则选择的 μ 的固定值是表示 PELC_i^j 的大尺寸形状的可能性（缓慢和快速收敛于 PEI_{id}（参见图 2.5（a）），其中 $v_j\infty\mathscr{R}_{id}$，例如，如果慢速和快速收敛值分别对应于 $\mu_{\min}$ 和 $\mu_{\max}$，则 $\mu\in S_\mu$ 的 m 值将为 $\{\mu_{\min},\mu_{\min}+\delta\mu,\cdots,\mu_{\min}+(m-1)\delta\mu,\mu_{\max}\}$，其中 $\delta\mu=(\mu_{\max}-\mu_{\min})/m)$。显然，$m$ 最接近的值是到 gPELC^* 的最优有效路径（将 P_0 连接到 P_f）。需要注意的是，如果树 T 拥有 $n+1$ 个顶点，则树 T 有 n 条边。$|E|$ 定义了树 T 的大小，且它等于树的边的数量。如果每个顶点生成 $2m$ 个子顶点，则顶点数由下式给出：

$$1+2m+(2m)^2+\cdots+(2m)^h=\frac{(2m)^{h+1}-1}{2m-1} \tag{4.4}$$

式中，h 对应于树 T 的最高级别（也称作树根的高度）。

（5）有效的全局路径，由 gPELC_n 定义，是一条从顶点 v_0 开始且不和任何障碍物碰撞的到达顶点 v_n（连接到与主目标 $\mathscr{R}_f$ 相关的参考帧）的路径。gPELC_n 从由顶点序列 $(v_0,v_1,\cdots,v_n)\in V^n$ 给出的有向图中获得，其中 v_{i-1} 与 v_i 是相邻的且 $i\in\{0,1,\cdots,n\}$。gPELC_n 是一条从 v_0 到 v_n 长度为 n 的路径。需要注意的是，所给 v_i 的索引是变量，与顶点的任何规范标记无关，只与它们在序列中的位置有关。

（6）最优路径 gPELC^* 是一条有效的全局路径，所有可能的 gPELC_n 路径中最小化以下函数：

$$G = \sum_{i=1}^{n} J_{i-1}^{i}$$
$$= w_1 G_1 + (1 - w_1) G_{1\mathrm{Bis}} + w_2 G_2 + w_3 G_3 +$$
$$w_4 G_4 + w_5 J_{\mathrm{Distance\_gPELC\_FinalTarget}} \qquad (4.5)$$

式中：

① $w_i \mid i = 1,2,3,4 \in \mathbf{R}^+$ 是式（4.1）中定义的常数，它保证在不同的子评价标准之间进行适当的平衡，将每个初步计算得到的 PELC 路径描述成一个 gPELC。权重参数 w_5 对 gPELC$_n$ 有更多的意义，它表示一个最接近 gPELC$_n$ 到最终目标 P_f 的状态（gPELC$_n(s_f)$，其中 s_f 表示 gPELC$_n$ 的最终曲线横坐标），这些信息表达在子评价标准 $J_{\mathrm{Distance\_gPELC\_FinalTarget}}$ 中。

② 因此，根据向量 $\boldsymbol{W}_{\mathrm{gPELC}} = \{w_1, w_2, w_3, w_4, w_5\}$ 和基本子评价标准的总和（参见 4.3.1 节）定义全局评价标准 G：

$$G_1 = \sum_{i=1}^{n} J_{(i-1)\mathrm{DistanceToPT}i}^{i}$$

$$G_{1\mathrm{Bis}} = \sum_{i=1}^{n} J_{(i-1)\mathrm{PELC}_{\mathrm{Length}}}^{i}$$

$$G_2 = \sum_{i=1}^{n} J_{(i-1)\mathrm{PELC}_{\mathrm{Curvature}}}^{i}$$

$$G_3 = \sum_{i=1}^{n} J_{(i-1)Bool_{\mathrm{MaximumCurvature}}}^{i}$$

$$G_4 = \sum_{i=1}^{n} J_{(i-1)Bool_{\mathrm{Collision}}}^{i}$$

综上所述，获得最优 gPELC* 路径（参见**算法 4**）的方法是通过获得基本的 PELC 最优路径序列来实现主要目标 P_f。**算法 4** 能够获得一个包含与无碰撞 PELC 路径连接的顶点的树 T，并且使用式（4.1）获得每个边的权重。每条有效的 gPELC 路径能够从顶点 v_0 开始到达顶点终点 $\infty \mathscr{R}_f$，而最优路径 gPELC* 是其中使 G 最小化的路径（参见式（4.5））。最终的最优路径 gPELC* 包含局部 PELC$_i^j$ 路径的最优序列（包括 r_j 和 μ_j）。通常，一旦树 T 是已知的，可以通过基于树搜索的 Dijkstra 算法 [Dijkstra, 1959] 或众所周知的 Bellman-Ford 算法获得从根 v_0 到顶点 $v_n (v_n \infty \mathscr{R}_f)$ 的最优路径。

算法 4：gPELC* 全局最优路径规划算法

数据：车辆初始构形状态；环境特征；障碍 Obstacles$_{id=1,2,\cdots,N}$；终点位置；

　　　　$S_\mu = \{\mu_1, \mu_2, \cdots, \mu_m\}$ 最优值 μ 的集合。

88

结果：gPELC* 最优全局平行椭圆极限环路径。

1 // 初始化

2 $S_0 = \{v_0\}$；// 顶点 v_0 单独对应于树 T 的第 0 级（**Level$_0$**）//

3 $i = 0$；

4 **while**（不是所有顶点都满足 $v_i \infty \mathscr{R}_f$）**do**

5 　　$i = i + 1$；

6 　　// 计算所有分支 PELC 路径：从 S_{i-1}（不满足 $v_i \infty \mathscr{R}_f$）中的顶点开始//

7 　　$\text{PELC}^f_{[j=1,\cdots,\text{Card}(S_{i-1})]}$（$\text{PEI}_f$，$r = \pm 1$，$S_\mu$）；

8 　　**forall** 获得的 PELC^f_i 分支路径 **do**

9 　　　　**if** 分支路径没有碰撞任何障碍 **then**

10 　　　　　　// $v_{f\#}$ 存在，其中 $f\#$ 表示顶点索引号，这意味着在知道 $v_{f\#}$ 的所有前端顶点时，可以获得有效的全局路径//

11 　　　　　　$S_i \leftarrow v_{f\#}$；// 将顶点加入路径树 T //

12 　　　　　　$e^{f\#}_i \leftarrow J$（PELC^f_i（PEI_f，r，μ_k））；// 计算边 $e^{f\#}_j$ 的权重参数

13 　　　　**else**

14 　　　　　　获得第 1 个阻碍路径生成的障碍 id；

15 　　　　　　// 计算所有的 PELC 分支路径：从顶点 v_j 开始直到完成所有 $\mathscr{R}_{id}$ 顶点//

16 　　　　　　$\text{PELC}^{id_{\eta\mu}}_j$（$\text{PEI}_{id}$，$r = \pm 1$，$S_\mu$）；// 其中索引号 $id_{\eta\mu}$ 与 r 和 μ 值有关，对应属于 $\mathscr{R}_{id}$ 的顶点索引号//

17 　　　　　　**if** 路径没有与任何障碍碰撞 **then**

18 　　　　　　　　**if** 应用穷举扩展树 **EET then**

19 　　　　　　　　　　// 增加所有有效顶点 //

20 　　　　　　　　　　$S_i \leftarrow v_{id_{\eta\mu}}$；

21 　　　　　　　　　　$e^{id_{\eta\mu}}_j \leftarrow J$（$\text{PELC}^{id_{\eta\mu}}_j$（$\text{PEI}_{id,r,\mu_k}$））；

22 　　　　　　　　**else**

23 　　　　　　　　　　// 仅增加对应顺时针和逆时针方向的最优顶点 //

24 　　　　　　　　　　$S_i \leftarrow v^*$；

25 　　　　　　　　　　$e_j \leftarrow J^*$；

26 　　　　　　　　**end**

27 　　　　　　**end**

28 　　　　**end**

29 　　**end**

30 **end**

31 // 应用 Dijkstra 最短路径搜索算法得到最终的路径树 T //

32 gPELC* = DijkstraAlgorithm（T）；

应当注意，在算法 4 的第 13 行和第 28 行之间给出的 **Else** 块表示，当障碍物 $obstacle_{id}$ 阻挡一个扩展的子路径 $PELC_i^{id}$ 时，这个障碍物将被选择作为中间轨道（在到达 $\mathcal{R}_f$ 的 Y 轴之前）。这一步骤将在从同一个顶点 v_i 开始计算另一条子路径 $PELC_i^{id}$ 的同时完成，但在到达 $\mathcal{R}_{id}$ 的 Y 轴时终止，然后再将新的顶点添加到 T 中，从而使我们能够进一步探索新的路径分支。然而，如果这个新的计算 $PELC_i^{id}$ 与任何其他障碍物碰撞（在到达 $\mathcal{R}_{id}$ 的 Y 轴之前），则该分支终止，不向 T 添加任何新的顶点。这样做是为了避免无限循环，并减少由算法 4 给出的组合数。这个假设也是因为如果考虑到另一个碰撞，就必须将这个新的障碍物 id 作为一个新的中间轨道，这与第一个假设相矛盾，包括因为该障碍物是第一个阻止 $PELC_i^l$ 到达主要终点目标 $\mathcal{R}_f$（从定点 v_i）的 Y 轴的情况。

在这个 **Else** 块中（第 13 ~ 28 行）还有一个重要的特征值得一提。它对应于 **If** 块（在第 17 ~ 27 行之间），能够允许我们应用或者不应用穷举扩展树（Exhaustive Expanding Tree，EET）。如果应用 EET，则对应于向树添加所有的有效顶点；如果不应用 EET，则仅添加最优顶点。因此，在第一种情况下，从顶点 $v_{i-1} \infty \mathcal{R}_{i-1}$ 到参考帧 $\infty \mathcal{R}_f$ 的分支路径（PELC）最大可以等于 $2m$（如果所有计算的分支子路径 PELC 都有效）；在第二种情况下，v_{i-1} 的最大分支数为 2（分别对应顺时针和逆时针方向的最优分支路径 $PELC^*$）。第二种情况的主要目的是在算法 4 的每次迭代中减少可能扩展出的分支数量，从而减少获得全局最优路径 $gPELC^*$ 的总计算时间。在算法最后，求出的状态数量会减少，但不能保证会有一个比 EET 给出的 $gPELC^*$ 更好的解决方案。这个结果将在 4.4.4 节中给出的仿真实验中着重说明。这些仿真测试结果，也证明了由最优顶点所得到的解一般不会与有效 $gPELC^*$（由 EET 给出）的解相差太远。

下面将详细介绍混合反应/认知和均匀控制架构（HHCA）。该控制架构使用最优的分支路径 $PELC^*$ 和全局最优路径 $gPELC^*$ 的定义，以均匀的方式获得车辆的期望路径点设定值。

4.4 均匀和混合反应/认知控制架构

提出的均匀和混合反应/认知控制架构（HHCA）可以对反应式和认知式车辆导航进行简化、管理和控制（见 1.3.2 节），这里均匀（Homogeneous）控制是指控制器的期望路径点和控制算法的定义是一致的，或者控制器的算法在整个控制过程中没有发生改变。这意味着车辆导航只需要利用最少的周围环境信息就能完成快速反应，然而认知控制却要基于完整而又准确的环境信息。

很明显，当这些信息可以获取时，认知控制通常可以让我们获得最优（或者次优）的机器人导航控制效果。但是，得到最优/次优控制效果需要很长的处理时间，而且在某些情况下是无法使用的（参见 1.3.2 节）。

图 4.2 中的模块①~③分别代表对环境中重要特征的探测、定位和提取表征。这些模块必须可以列出所有被感知到的障碍物（或者从路线图中获取）和要到达的目标。所有可能的阻碍物（障碍物、墙壁、行人，等等）都在 2.1 节中用参数 (h,k,Ω,A,B) 表示的椭圆进行标记。可以用已在环境中定位的相机［Benzerrouk 等，2009］或者机器人红外传感器［Vilca 等，2012c］进行在线标定（参见 2.5.2 节），甚至可以进行离线标定（例如使用静态目标路线图）。

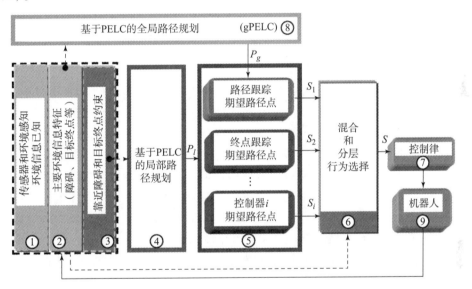

图 4.2　移动机器人均匀和混合反应/认知控制架构（HHCA）

这种控制架构很容易把期望路径点和车辆有效运动关联起来，而期望路径点是由认知和反应层模块定义的。需要注意的是，HHCA 使用既灵活又安全的 PELC 规划路径（参见 2.3.1 节），实现反应式车辆导航（参见 4.4.1 节）和认知式车辆导航（参见 4.4.2 节）。事实上，当环境全部已知时，PELC 规划方法既可作为局部路径规划器（实时或者短期），也可作为全局路径规划器（使用 gPELC（参见 4.3.2 节）时更像是一种认知式导航方法）。需要指出的是，无论是认知还是反应模式，HHCA（见图 4.2）使用的都是统一的期望路径点配置（2.4 节）。这些期望路径点在 PELC 产生的轨迹（4.3 节）内获取。实际上，HHCA 架构包含不同的期望路径点模块，这些模块可以用局部或全局

PELC 规划路径作为输入，图 4.2 中作为反应式导航的模块④为局部 PELC 规划模块，作为认知式导航的模块⑧为全局 PELC 规划模块。一旦获取到在 2.4 节中定义的同质期望路径点（模块⑤），在 3.2.2 节中定义的共用控制律就可以将误差控制为零（见图 4.2）。

提出这个整体控制架构，目标是突出其通用性、灵活性和可靠性，以处理和适应各种环境（混杂与否，动态与否等）。该结构可以根据导航情形和新出现的情况自适应调整。表现在以下方面：

①使用反应式导航时（4.4.1 节），实时对动态环境做出反应。

②使用认知式导航（4.4.2 节）。

否则，根据导航情形，在反应式导航或者认知式导航模式之间的选择，将会通过 HHCA 和分层行为选择过程（参见 4.4.3 节）进行说明。为了展示总体控制架构的潜力，在 4.4.4 节中进行了大量的仿真实验。

4.4.1　基于局部 PELC* 的反应式导航策略

本节介绍移动机器人在未知混杂环境中实时导航控制的关键挑战性问题。实际上，移动机器人在导航过程中需要实时探测环境，对意外事件及时做出反应（例如，要避障），并保证可以到达目标终点。事实上，当环境信息不是已知的，或者在一种高度动态或不确定环境中，反应式导航的效果是最理想的 [Adouane, 2009b]。接下来将更具体地说明如何使用 PELC* 路径规划方法进行反应式导航。机器人要从初始位置到达最终目标，仅使用局部 PELC* 路径规划方法，同时按顺序处理各种阻碍，如障碍物、墙壁等，这种反应式导航能够保证实时获取障碍物特征的效率和可靠性（参见 2.5.2 节）。

一旦存在至少一个可能阻碍机器人向其目标移动的障碍物，算法 5 将被激活并用于执行避障行为。否则，到达目标终点行为（仍使用 PELC* 规划方法）将处于激活状态。在算法 5 中提到"当前最终目标"的概念，是考虑到机器人可能会有多个连续目标需要到达的情况（参见第 5 章）。性能良好的反应式导航需要处理一些有冲突的情况，这些情况在某些时候可能会导致轨迹振荡或死路。文献 [Adouane, 2009b] 中详细描述了几种反应式导航规则，以避免这些情况的发生。例如，当机器人需要避开两个连续的障碍物（在第一个障碍还未避开的情况下，机器人还没有到达第一障碍物的 Y_{or} 轴（参见图 2.5 (a)））时，将保持避障方向（顺时针或逆时针）。

当前所提出的反应式导航（参见算法 5）与 2.5 节中给出的完全反应式导航之间的主要区别如下：

①PELC 期望路径点在这里用于避障和目标到达控制器。在以前的架构中，

到达目标控制器是由另一个期望路径点定义的（参见 2.5.4.2 节）。

②当完全反应式导航中避障行为被激活时，方向（顺时针或逆时针）和机器人行为（吸引或排斥）仅根据简单和确定的规则确定，μ 的值也一直是固定的。在目前较少的反应式导航中，所有上述选择都是通过优化评价标准 J 来决定的（参见方程式（4.1））。

算法 5：基于最优 PELC* 路径规划方法的反应式导航控制

输入：所有最近障碍约束参数 h，k，Ω，A，B（参见算法 2）；与障碍物的期望最小安全距离偏移量 K_p 值；当前终点目标位置坐标 (x_f, y_f)。

输出：当前要跟踪的 PELC* 路径 $((h,k), \Omega, (A,B,K_p), \mu^*)$（参考式（2.3）和 4.3.1 节）

1　**if** 存在至少一个可能阻碍机器人的障碍物（参见算法 2）**then**
2　　　// 避障行为
3　　　获得方向 r 和 PELC 根据评价标准 J 确定的优化值 μ^*
4　　　PELC* $((h,k), \Omega, (A,B,K_p), \mu^*)$
5　**else**
6　　　// 终点目标到达行为
7　　　PELC* $((x_f, y_f), 0, (\xi, \xi, \xi), \mu^*)$；
8　　　// 其中 ξ 是非常小的值，$\xi \to 0$
9　**end**

4.4.2　基于 gPELC* 的认知式导航

上文提到的反应式导航用于避开单一障碍是最佳的，但是如果需要同时考虑避开多个障碍才能到达最终目标点时，它并不是最佳选择。与反应式导航相比，进行认知式导航显然意味着要对外界环境（自由和障碍区域）有更多的了解，机器人需要定义全局路径/轨迹/路点，同时要考虑到环境中可能存在的多个障碍物。

进行认知式导航，根据 gPELC 获知，HHCA 架构采用由 gPELC* 规划方法获得的全局最优路径（参见 4.3.2 节）。4.4.4 节进行几个仿真实验来展示算法效果。

4.4.3　混合(HybridRC)递阶行为选择

在 1.4 节中提到有两种协调过程来管理多控制器架构的控制行为，HHCA 架构（参见图 4.2）是基于行为选择过程，被称为混合和分层行为选择过程，并在算法6进行了总结。这个过程的目的是根据环境知识和感知信息来激活反应式导航或认知式导航。

只有在充分了解整个行驶环境时认知式导航才会被激活，或者导航是在相对低动态环境中进行的，低动态特性可使 gPELC* （参见4.4.2节）实时重计算。当不能实时重计算获得路径的情况下，车辆将切换为反应式导航，而不是停止车辆导航（这可能也是一种选择）。切换导航有两种方法：第一种是包括使用基于局部 PELC* 计算的路径跟踪控制，在这种情况下，障碍物需是静态的且可以被准确地检测到；第二种是，如果环境是动态的和/或具有很多不确定性，则执行反应式导航，在这种情况下，车辆需要进行更多的反应式导航（没有预先计划的路径跟随），使用在线目标跟踪控制（参见2.4.2节）。半径值 R_s（参见图2.6（b））是根据测量不确定度和障碍物的动态特性来确定的。这显然意味着有具体的衡量指标来表示环境的不确定性和检测到的障碍物的动态特性（速度、加速度等）。这两个标准与感应方面更为相关，目前仍然是一个开放和活跃的研究领域。

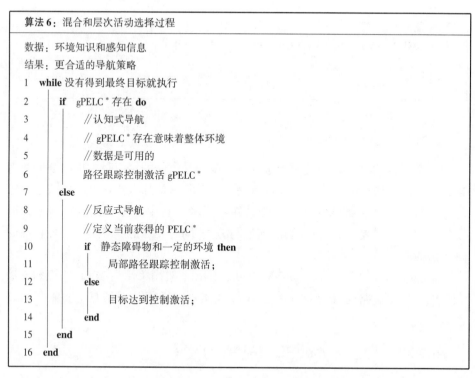

算法6：混合和层次活动选择过程
数据：环境知识和感知信息
结果：更合适的导航策略

```
1   while 没有得到最终目标就执行
2       if  gPELC* 存在 do
3           //认知式导航
4           // gPELC* 存在意味着整体环境
5           //数据是可用的
6           路径跟踪控制激活 gPELC*
7       else
8           //反应式导航
9           //定义当前获得的 PELC*
10          if  静态障碍物和一定的环境 then
11              局部路径跟踪控制激活；
12          else
13              目标达到控制激活；
14          end
15      end
16  end
```

4.4.4　HHCA 架构仿真验证实验

本节通过几个仿真实例来展示 HHCA 架构的灵活性和效率。仿真测试使用 MATLAB 软件实现（在不久的将来会移植到 C ++ 语言用来提高处理效率），运行环境为 Intel Core i7，CPU 2.70 GHz，内存 32 GB。基于三轮车模型来分析机器人运动学（参见式（3.8）和图 3.3），其参数设置如下：

①$l_b = 12$ cm，$\gamma_{max} = 45°$。

②为了表示机器人与环境碰撞的特征，机器人被一个椭圆完全包围（长轴 14 cm，短轴 9 cm）。

③机器人的最大视场被认为是一个以机器人为圆心，半径为 72 cm 的圆（参见图 4.7），用这个圆来表示机器人能够探测到障碍物的最远距离。这种感知状态主要用于安全行为（如果障碍太近可以自动停止）或者反应式导航情况。

④给出控制定律参数为 $K =$（10，5，2，0.3，5，0.01）（参见 3.2.2 节）。

第一组仿真（参见 4.4.4.1 节）将展示 gPELC* 规划在不同的环境中的应用，包括混杂的、结构化环境等；第二组仿真测试（参见 4.4.4.2 节）将展示 PELC 和 gPELC 规划方法根据环境状态来执行反应式导航或认知式导航的情况。

4.4.4.1　不同环境中 gPELC* 规划方法的应用

1. 混杂环境

图 4.3（a）展示了算法 4 的应用，优化值 μ 为 $S_\mu = \{0.1, 0.4, 0.7\}$，方向包括顺时针和逆时针方向，几次仿真的初始数据和结果总结见表 4.1。表 4.1 中，$W_{gPELC} = \{\omega_1, \omega_2, \omega_3, \omega_4, \omega_5\}$ 表示每个 gPELC 规划的总成本函数（见式（4.5））的权重参数，同时表示了获得路径树的优化过程。在图 4.3（a）中表示的仿真测试中，算法 4 需要探索 31 个顶点，其计算时间为 9.48 s。这种优化使我们获得 14 个有效 gPELC 路径，其最优路径（根据选用的总体成本函数）成本 $G = 3.03$。

图 4.3（b）对应一个和图 4.3（a）具有相同初始输入的模拟，但只给出了最优顶点（见表 4.1）的扩展树（根据算法 4）。根据表 4.1，发现计算时间减少了 28%，尽管如此，得到的最优 gPELC* 路径成本 G 还是非常接近求得的图 4.3（a）中的 gPELC* 路径成本。获得的 gPELC* 路径的形状和中间成本函数仍然是不同的（对于 G_2，在 gPELC* 获得的与图 4.3（a）获得的相差很大（$G_2 = 0.18$，而不是 0.25））。图 4.4（a）显示了图 4.3（b）中仿真实验获得

的路径树状图。由于只使用最优的顶点进行扩展时获得的顶点数量较小，在将来的仿真测试中将优先选择这种方法，以简化过程并展示更好的结果。图4.3（c）表示了不同权重参数 W_{gPELC} 选择对获得最优 gPELC* 路径的影响。事实上，在修改图4.3（b）和图4.3（c）中表示的仿真权重参数时，得到的最终 gPELC* 路径也改变了（见表4.1）。

表 4.1　根据算法 4 参数在不同环境下优化结果得到最优 gPELC* 路径结果

图	应用穷举扩展树 EET?	W_{gPELC}	有效探索顶点数量	有效 gPELC 路径数量	时间/s	最优 gPELC* 成本			
						G	G_1	G_{1Bis}	G_2
4.3(a)	是	$\{0.50, 0.005, 10^6, 10^6, 10\}$	31	14	9.48	3.03	0.21	2.57	0.25
4.3(b)	否	$\{0.50, 0.0005, 10^6, 10^6, 10\}$	7	3	6.85	3.04	0.35	2.51	0.18
4.3(c)	否	$\{0.95, 0.0005, 10^6, 10^6, 10\}$	10	5	7.72	0.83	0.32	0.29	0.22
4.5(a)	否	$\{0.60, 0.0020, 10^6, 10^6, 10\}$	5	2	15.68	3.69	0.26	2.69	0.74
4.5(b)	否	$\{0.50, 0.020, 10^6, 10^6, 10\}$	9	2	6.19	11.92	1.60	6.55	3.77
4.5(c)	否	$\{0.50, 0.020, 10^6, 10^6, 10\}$	14	4	6.36	11.40	1.02	6.65	3.73
4.4(b)	是	$\{0.60, 0.0020, 10^6, 10^6, 10\}$	49	18	82.12	4.91	0.58	3.45	0.88
4.4(c)	否	$\{0.60, 0.0020, 10^6, 10^6, 10\}$	21	5	49.63	5.00	0.64	3.42	0.94
4.6(a)	否	$\{0.60, 0.0020, 10^6, 10^6, 10\}$	13	5	28.07	3.46	0.42	2.33	0.71

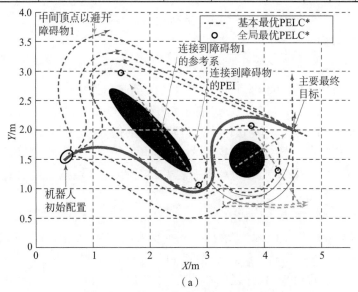

（a）

图 4.3　基于 gPELC* 的全局路径规划

（a）穷举扩展树 EET 算法（参见算法 4）

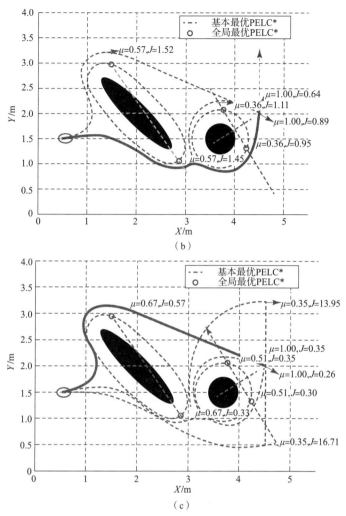

图 4.3　基于 gPELC* 的全局路径规划（续）

（b）仅在每一步的最优节点的扩展树；

（c）采用和仿真实验（b）不同的其他标准参数最优节点的扩展树

　　图 4.3（a）~（c）所示的仿真场景和结果，显示了算法 4 在非常简单的环境中的应用（2 个障碍），而图 4.4（b）、（c）则突出了算法 4 在更为复杂环境的导航规划效率（见表 4.1），环境中设置了 5 个彼此靠近的障碍。上面的仿真实验还将用在随后的 4.4.4.2 节，其中获得的最优 gPELC* 路径将被用作初始路径，来显示控制架构能轻易安全地从认知式导航切换到反应式导航，反之亦然。

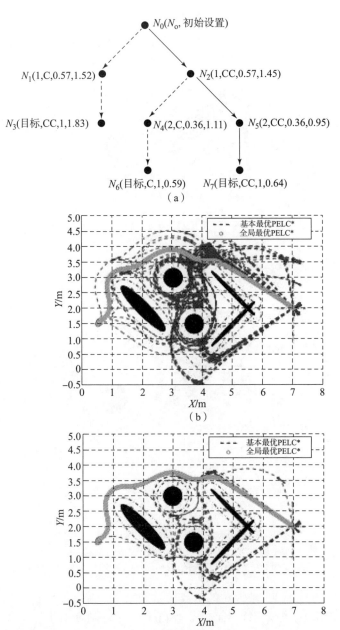

图 4.4 树状图表示在图 4.3（b）中获得 gPELC* 路径。每个节点 $N_i \mid i = 1, 2, \cdots, 7$（除了根节点 N_0）分别由索引 1 或 2（索引表示避开的障碍物）或目标表示最终到达的目标；避让方向为 C 或 CC（分别为顺时针或逆时针）；μ^* 的值和获得基本的 PELC* 规划路径最终优化成本 J^*（见式（4.1））。图（b）和（c）中，绿色箭头对应基于 gPELC* 的最优全局规划路径，分别应用穷举扩展树 EET 方法和基于每一步最优节点扩展方法

2. 结构化环境

为强调在不同环境下基于规划方法的 PELC 的可靠性，除混杂环境外，在结构化环境中验证其有效性也十分重要（如在室内或城市环境中找到墙壁和直角"垂直直线"）。下面将应用 2.1 节给出的障碍建模（图 4.5）来包围不同尺寸的围墙（或人行道）。每个障碍物被包络椭圆（图 2.2 中给出的 SE_i）和平行作用椭圆（PEI_i，图 2.2）所环绕，这将在机器人和障碍物之间给出一个安全余量。图 4.5（a）中给出的第一个仿真甚至是在一个陷阱环境中，充分显示了算法 4 的效率，机器人初始位姿为 $(x_0, y_0, \theta_0, \gamma_0) = (0, 1.5, -4.5°, 0°)$，算法 4 得到最优 $gPELC^*$ 路径（见表 4.1），同时避免了局部极小 [Ordonez 等，2008]。从表 4.1 可以看出，获得 $gPELC^*$ 路径所用时间为 15.68 s，相对于其他有效探索顶点较少的仿真是比较耗时的。这可以通过以下事实来解释，算法 4 多次迭代使无效顶点产生，可能导致 PELC 得到的规划结果与障碍发生碰撞。

图 4.5（b）和图 4.5（c）所示的仿真实验，环境是由墙和障碍形成的迷宫式走廊，非常复杂。图 4.5（b）和图 4.5（c）中仿真实验设置的障碍安全偏移量 K_p 有所不同（参见 2.3.1 节、图 2.2 和式（2.3））。图 4.5（b）所示的第一个仿真实验中 $K_p = 16$ cm，而图 4.5（c）中 $K_p = 32$ cm（见表 4.1 仿真参数和优化结果）。第二个仿真实验限制了更多可能的机器人状态以到达最终目标点，但可以获得更安全的 $gPELC^*$ 优化路径，因为机器人被迫尽可能地远离任何障碍。获得的 $gPELC^*$ 优化路径近似于通过维络图（Voronoi）法得到的路径 [Aurenhammer, 1991；Latombe, 1991]，但 $gPELC^*$ 方法的优势是考虑了以下两个方面：

①机器人的运动学和结构约束（非完整约束、最大转向角 γ_{max} 等）。

②多目标优化（参见式（4.5）），不只考虑了维络图方法的安全标准。

值得注意的是，障碍特性决定 K_p 的大小。这可以选择，例如，障碍物的动态性能或其他特性（位置、形状等）。还要注意的是，在某些情况下，第 i 个障碍的 PEI_i 与另一个障碍 j 的 PEI_j 是相交的（见图 4.5），因此需要引入一些简单的规则，以保证算法 4 总是收敛，这一点非常重要。事实上，当计算相对于第 i 个障碍的基本 PELC 路径时，连接到该障碍参考坐标系的 Y 轴（参见 2.3.2 节）必须通过 PEI_j。这是由 PEI 的相交性（归因于两个或更多的障碍）造成的。停止避障的条件永远不可能达到。因此，如果至少有两个障碍有相交的 PEI，必须应用以下规则结束 $PELC_i$ 的计算：

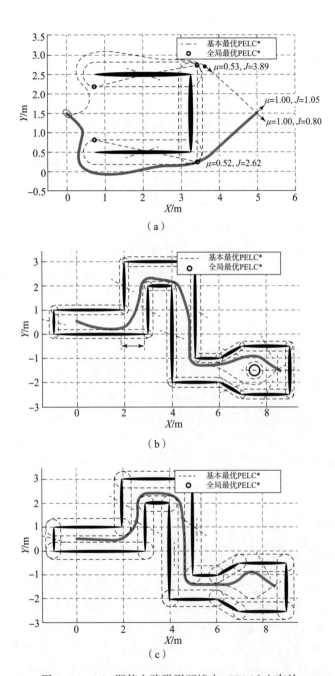

图 4.5　（a）即使在陷阱形环境中 gPELC* 也有效；
（b）和（c）在结构化环境下基于 gPELC* 的全局路径规划，
分别为（b）中 $K_p = 16$ cm，（c）中 $K_p = 32$ cm

①结束（停止和验证）计算 $PELC_i$，当它的 x 坐标（相对于与障碍物相关联的参考坐标系）符号从"－"变到"＋"时。

②如果上述规则尚未验证，且当前计算的 $PELC_i$ 包含于另一个 PEI_j（即 $j \neq i$），则在进入 PEI_j 之前在预定的距离 DS 处停止 $PELC_i$ 的计算，这样就在算法 4 中添加了一个节点，能够在避免死锁（局部极小）的同时继续扩展。例如，在图 4.5（b）中，机器人必须以顺时针方向避开第 2 个障碍物，但其 PEI_2 与 PEI_4 相交，因此可应用上述规则。

4.4.4.2　认知式导航与反应式导航相互切换

以下仿真实验的目的是表明控制架构选择执行反应式或认知式导航时，如何保证机器人行为的灵活性和平稳性（参见 3.2.2 节）。因此，使用相对简单的算法（如算法 6），认知式导航和反应式导航的相互切换就比较方便。值得注意的是，这些仿真实验中，没有把在认知式导航或反应式导航之间的最优选择和激活作为目标。这是一个开放的重要问题［Ranganathan 和 Koenig，2003；Ridao 等，1999；Rouff 和 Hinchey，2011；Mouad 等，2012］，并且其本控制架构的内在结构特别适合解决这种问题，这是将来需要研究的课题。

图 4.6（a）和图 4.6（b）显示了机器人不同导航模式的激活方式。图 4.6（a）给出的序列是认知式导航——动态避障——认知式导航的变化过程，而图 4.6（b）则为认知式导航——动态避障——反应式导航的变化过程。在这两个仿真实验中，机器人最初是跟踪（参见 2.4.1 节）已经获得的图 4.4（b）所示的 $gPELC^*$ 路径（见表 4.1）。最初获得的 $gPELC^*$ 只考虑到静态环境，机器人先开始跟踪这条全局最优路径，并向最终目标行驶。在 11 s 时，障碍物 3 开始按直线运动（参见图 4.7(a)~(c)）。这种直线运动使初始规划的 $gPELC^*$ 路径不再安全，因此，一旦这个障碍进入机器人的视野中（视野范围由图 4.7 中粉色虚线圆表示），机器人开始使用基于局部 $PELC^*$ 路径规划的反应式避障方法（参见 4.4.1 节）。在此导航阶段使用的期望路径点是基于目标到达的期望路径点（参见 2.4.2 节），取参数 $R_S = 0$（参见图 2.6（b））。

一旦完全避开障碍 3（参见算法 5），机器人通过使用认知式导航（参见图 4.6（a））或反应式导航（参见图 4.6（b））继续向最终目标前进。在第一种情况下，重新规划一条新的 $gPELC^*$ 路径（当前机器人状态参数作为初始构形状态），随后机器人开始跟踪这条新的路径，表 4.1 的最后一行给出该新规划路径的特性参数。图 4.6（a）所示仿真实验过程中机器人参数的变化曲线见图 4.6（c）和图 4.6（e），图 4.6（b）导航过程中的情况则如图 4.6（d）和图 4.6（f）所示。

参照图 4.6（c）和图 4.6（d）给出的仿真过程中各项性能参数指标，两个仿真实验中都有一个共同现象，即机器人导航过程中离最近的障碍足够远。事实上在图 4.6（c）中，机器人和最近的障碍之间的距离变化过程中总是接近或大于设定的安全偏移量（$K_p = 22$ cm，在图中用红色虚线表示）。然而，图 4.6（d）中仍然存在一个关键阶段，机器人在反应模式，避开障碍 5 并开始避开障碍 4。在这个阶段，机器人到障碍物 4 的距离小于偏移量，但机器人仍然离障碍物足够远，能够避免产生任何碰撞（参见图 4.6（b））。事实上，偏移值是根据机器人的几何尺寸、物理约束和控制可靠性等因素设定的，机器人的尺寸被长轴等于 14 cm 的椭圆包络。图 4.6（d）所示的仿真测试中，机器人到障碍物 4 的最小距离等于 15 cm，因此，在任何情况下都大于包络机器人的椭圆长轴。

需要注意的是，因为机器人初始的构形状态对于避开障碍 4 显得比较困难，所以将导致危险情况的发生，即机器人从初始构形状态难以变化到要避开障碍 4 需要的构形状态。事实上，当障碍 4 成为阻碍最严重的障碍时（参见算法 2），机器人已经非常接近它，且相对于 PELC 期望路径点的航向误差 ≥90°，因此，机器人所处的构形状态要想安全地避开障碍 4 是非常困难的。在反应式导航模式中，这种危险情形很难规避，因为机器人需要实时探测行驶环境［Adouane，2009b；Adouane 等，2011］。如果机器人与障碍物的距离小于某一值，可以激活急停。另外，计算出的避障 PELC 路径以逆时针旋转来避免与障碍物 4 碰撞，该信息也可以用作条件信息，那么可在相同的旋转方向上去避开障碍 5。事实上，在反应式避障中，如果机器人开始避开障碍 i 同时切换到另一个障碍 j（与障碍 i 具有交点的障碍物），机器人必须遵循与先前避障相同的方向（顺时针或逆时针），这避免了机器人陷入死锁和无限振荡［Adouane，2009b］。

图 4.6（e）和图 4.6（f）给出了李雅普诺夫函数的变化过程（见式（3.15））。这显示了系统的稳定性可使误差始终可以收敛为 0，即使当机器人进入反应模式时，需要避开的障碍也会根据机器人的感知结果发生突然改变。事实上，当机器人开始躲避另一个障碍时，另一个局部 PELC 路径将重新计算，规划计算中会考虑到当前障碍特征（位置、方向、尺寸等），这必然导致误差值的突然跳变，这会影响到李雅普诺夫函数，但在此以后，函数值会下降直到接近于 0，这足以证明整个控制系统的渐近稳定性。

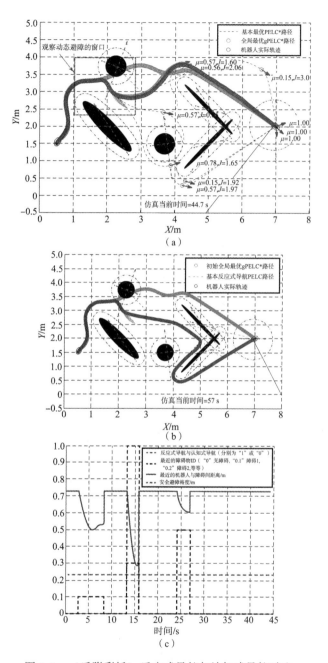

图 4.6　（后附彩插）反应式导航与认知式导航对比

（a）认知到动态避障到最终认知式导航；（b）认知到动态避障到反应式导航；

（c），（d）仿真性能参数

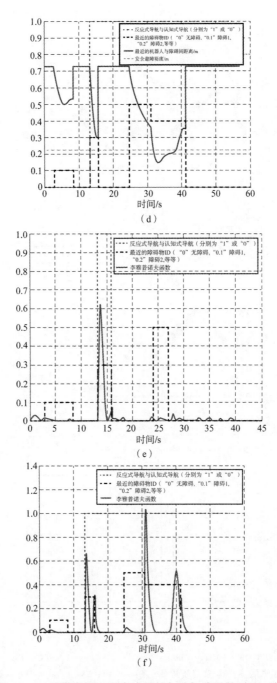

图4.6 （后附彩插）反应式导航与认知式导航对比（续）

（c），（d）仿真性能参数；（e），（f）李雅普诺夫函数变化过程

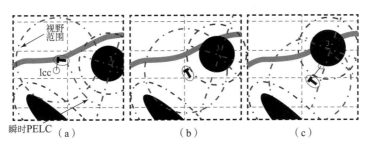

图（后附彩插）动态障碍规避。青色虚线表示当机器人避开障碍 3 时由 HHCA 架构
计算的不同瞬时 PELC* 规划结果，图 (c) 中完全避开了障碍 3
并且产生了相对于主要目标点的优化 PELC* 路径
(a) 时间 = 13.5 s；(b) 时间 = 15 s；(c) 时间 = 16 s

4.5　结论

　　本章重点介绍反应式或认知式自主导航过程中，控制架构相对于车辆/环境特点的执行能力。论述了混合式反应/认知和均匀（相对于期望路径点和控制律）控制结构（HHCA），HHCA 主要采用 PELC 轨迹来构成不同的车辆导航路径。这种混合结构的主要目标是实时安全地处理不可预知的或不确定的导航控制情形，如果环境是已知的，则可以优化整体车辆导航效果。

　　前面的章节重点是反应式导航，本章首先简要介绍了不同的规划方法，然后专门说明了如何基于多目标优化的混合规划方法来获得短期和长期的最优路径。更具体地说，短期规划提出了最优 PELC（PELC*）方法，其中包括几个子准则和约束：机器人的初始状态和结构约束（非完整性和最大转向角）；平滑性、规划轨迹的安全性、机器人行驶距离最小化等方面的优化与提升。此外，要执行适当的认知式导航，长期/全局规划技术就显得非常重要，因此提出了对多条 PELC 路径进行适当顺序排列以获得基于全局最优规划方法的最优 PELC 路径，即 gPELC* 路径（参见算法 4）。

　　HHCA 控制架构是基于均匀期望路径点的 PELC* 路径或 gPELC* 路径提出的。同样重要的是，无论是在反应式导航或认知式导航中，车辆控制都使用相同的控制律。总体 HHCA 控制架构的稳定性（基于李雅普诺夫稳定性理论）可以得到严格的证明和分析（参见第 3 章），另外，设计了一种适当的混合和分层的选择过程来管理不同的导航场景和子任务。

　　整体多控制器架构，具有不同的模块和机制，目的是提高其通用性、灵活性和可靠性，来应对各种环境（混杂与否、结构化与否、动态或静态），并保证不同车辆导航模式之间切换的平滑性。针对不同的场景进行了大量的仿真实验和测试，证实了提出的 HHCA 控制架构的潜力和有效性。

显然，HHCA 结构不能解决所有反应和认知混合导航出现的问题，但至少给出了一个整体结构/机制来说明和分隔架构中的主要组成模块，尽管仍需要大量的研究。反应式导航和认知式导航之间的组合和最优平衡是在近期需要解决的重要问题之一，有效的方法是通过使用适当的指标和参数来更好地描述表征环境（动态性/不确定性等）。

第5章

基于最优路点配置的自主车辆导航

本章重点是在城区或混杂环境中实现机器人可靠且安全的导航，并不是必须沿着预定的路径进行跟踪，跟踪预定路径导航的方法通常在文献中被广泛使用。提出一种在环境中使用离散的路点来定义导航任务的新方法，并将其应用于城市电动汽车，这种方法可以减少计算成本，相对于传统方法具有更灵活的导航，特别是在混杂和动态环境中优势更为明显。此外，本章还介绍了几种获得适当路点集的方法来执行可靠的导航，其中最重要的是被称为基于扩展树的多目标优化路点选择方法（Optimal Multi-criteria Waypoint Selection based on Expanding Tree，OMWS-ET）。

5.1 目的和问题阐述

5.1.1 目的

如1.5节所述，文献中最常用的方法是使用一条预先确定的轨迹来获取导航期望路径点。1.5节详细介绍了与这种导航方法相关的最重要的特点，同时指出这些特点可能会增加机器人导航的复杂性。例如，需要具体的规划方法来生成轨迹，并需要保证不同路径段之间的连续性，以及重规划阶段的复杂性，等等。

本章假定，要实现安全灵活的自主车辆导航，并不一定要有一条预先规划好的参考轨迹，而是提出在环境中适当地布置一组路点去实现导航。仅使用环境中的一些离散的路点会使车辆的运动更加灵活，因为车辆在保证安全（车辆不会碰撞到道路限制物体或任何障碍物）的同时可以在路点之间进行更灵活的运动。因此，仅使用路点的导航能够避免耗时而复杂的路径或轨迹规划过程，尤其是在混杂和动态的环境中。此外，这种导航不需要知道距所跟踪轨迹最近路点的车辆位姿（机器人构形状态）和该点的曲率值［Gu 和 Dolan，2012］。所以，导航问题被简化为路点到达问题，即车辆是由路点引导，而不是遵循特定的固定路径（参见 1.5 节）。

此外，值得注意的是，如果连续的路点之间相距很近，车辆将会产生和路径导航一样的效果。因此，上述方法更倾向于融合不同的导航方法。此外，仅使用路点来控制车辆而不是使用固定轨迹，就会允许机器人在保持其混合多控制器架构的整体稳定性的同时还能进行本地运动规划（如避障等）（参见 5.2.1 节）。本章特别关注的是城市环境中车辆的自主导航问题（参见图 2.1 (b)）。并使用单个或一组 VipaLab 车辆（多车辆导航）进行了多个仿真实验，展示了这种导航策略的灵活性、可靠性和效率（参见 5.5 节）。

5.1.2　问题阐述

自主机器人领域中一个重要的挑战就是在结构化环境中保证安全灵活的导航（参见图 2.1 (b) 和图 5.1）。在本书中，安全的导航是指考虑机器人物理约束的同时又不要跨越道路限制或者碰撞障碍物。灵活的导航允许机器人通过进行多种可能的运动来完成任务，同时还能保证机器人轨迹的平滑性。此书提出的主要思想是同时保证两个评价标准，考虑以下场景（参见图 5.1）：

①路线图已知且为具有特定道路宽度 w_R 的结构化环境。

②机器人运动学模型已知。

③机器人从初始位姿 P_i 运动到终点位姿 P_f（某些条件下，$P_i = P_f$）。

如 1.5 节所述，在静态环境中可以通过不同的算法获得一条安全的参考路径，这些规划算法包括维诺图［Latombe，1991］、势场法［Khatib，1986］或者其他规划方法［LaValle，2006］。在这种情况下，定义静态环境中的关键位置点，称之为路点。路点的数量和在环境中的构形参数详见 5.4 节。因此，导航问题被简化为路点达到问题，即机器人是被路点（参见图 5.2）引导而不是跟随一条特定的预定轨迹。因此，机器人能够以确定的位置、方向和速度到达每一个路点，同时能满足距离和方向误差要求（分别为 E_{dis} 和 E_{angle}）；从而实现安全导航（参见 5.3.1 节）。

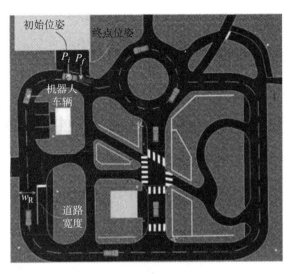

图 5.1　机器人在具有路线的环境中完成任务

本章结构如下：5.2 节介绍基于顺序目标到达的导航策略；在 5.3 节中详细说明控制方面的内容，包括控制架构、稳定性/可靠性、平顺性等；5.4 节介绍了如何获取最合适路点的不同方法；大量的仿真实验（参见 5.3.3 节和 5.4.4 节）和实车/真实机器人测试实验（参见 5.5 节）证明了上述导航方法的可靠性。最后，5.6 节是本章的结论。

5.2　基于顺序目标到达的导航策略

所提出的导航策略使用了环境中适当分布的 N 个序列路点，该顺序的排列目的是保证安全灵活的机器人导航。每个路点 $T_j = (x_{T_j}, y_{T_j}, \theta_{T_j}, v_{T_j})$ 都与环境中的一个关键构形特性参数对应（参见图 5.2）。T_j 的特性参数包括：

①位置 (x_{T_j}, y_{T_j})。

②航向角 θ_{T_j}，例如：

$$\theta_{T_j} = \arctan((y_{T_{j+1}} - y_{T_j})/(x_{T_{j+1}} - x_{T_j})) \tag{5.1}$$

式中，$(x_{T_{j+1}}, y_{T_{j+1}},)$ 对应于下一个目标路点位置 T_{j+1}，因此 T_j 的航向始终指向下一个路点 T_{j+1}。

③速度 v_{T_j}。对于这种通过到达顺序路点来完成自主导航的方法，很重要的一点是，车辆必须以 $v_{T_j} \neq 0$ 的速度强制去到达除终点外的每个目标路点，以避免车辆在每个目标点处的不连续/跳变运动，因此整个车辆导航因为没有

速度振荡变化而变得更加平顺。

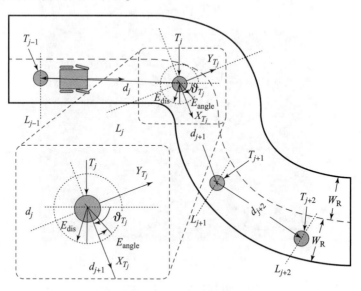

图 5.2   路点分布描述

5.4 节介绍了多个不同的方法来获取一系列合适的路点（目标期望路径点 $((x_{T_j}, y_{T_j}, \theta_{T_j}, v_{T_j})|_{j=1,2,\cdots,N})$），这些方法都是基于启发式或者多目标优化算法。

为了在连续路点（参考 5.2.2 节）间定义机器人导航策略，为每个路点引入正交参考坐标系 $X_{T_j} Y_{T_j}$（参见图 5.2），其中：

①X_{T_j}轴由路点 T_j 指向路点 T_{j+1}。

②Y_{T_j}轴垂直于 X_{T_j}轴，坐标轴方向遵循三角形法则。

在 5.2.2 节进行目标路点分布过程中用到了这个参考坐标系。此外，为了确保机器人在连续路点之间的安全导航，每个路点都规定了由 E_{dis}、E_{angle} 表示的误差上限（参见图 5.2），它们分别对应机器人和目标点之间的最大距离 d 和最大航向角度误差 e_θ。此外，E_{dis} 和 E_{angle} 对应于机器人到达目标路点 T_j 点时的最大误差，该误差与机器人定位的准确性和控制律的性能有很大关系。E_{dis}、E_{angle} 允许的最大值可以使机器人可靠导航到目标点 T_j，并且保证机器人达到下一目标 T_{j+1} 时保持合适的构形状态（译者注：合适的构形状态是导航连续性的重要保证）。

在详细介绍基于顺序目标到达的导航策略之前，首先说明用到的多控制器架构。

5.2.1　多控制器架构

为了实现基于顺序目标到达的导航方法，使用了图 5.3 所示的多控制器架构。这个架构由以下几个模块组成：

（1）"目标分配"模块：能够在每个采样时间内获取当前要达到的路点（目标），详见 5.2.2 节。

（2）"控制律"模块：保证可以渐近稳定地到达当前分配的路点 $T_j(x_{T_j}, y_{T_j}, \theta_{T_j}, x_v)$，详见 5.3 节。

（3）"避障"模块：当障碍物阻碍了机器人通向当前分配目标路点时，"避障"模块就会起作用。避障模块基于 PELC 规划算法，可进行局部避障。在 5.5.2 节中的避障测试过程中，会有一组 VipaLab 机器人编队进行局部障碍规避。

（4）"路点确定"模块：（图 5.3 中绿色虚线框）可以获取一系列合适的路点构形状态参数，5.4 节重点介绍了不同的获取路点的方法。

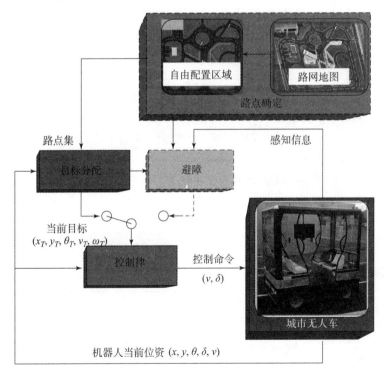

图 5.3　（后附彩插）进行顺序目标达到自主车辆导航的多控制器架构

5.2.2　顺序目标分配

算法 7 给出了每个采样时间内分配车辆需要到达路点的策略。应用 3.2.2 节中定义的稳定可靠的控制律来到达每一个分配的路点，同时保证车辆轨迹总是处于道路边界内（参见 5.3.1 节）。

当车辆的位置处于由圆心 (x_{T_j}, y_{T_j})、半径 E_{dis} 确定的圆内时，误差条件 E_{dis} 和 E_{angle} 将把导航目标切换到下一个路点。因此，当前路点序号将更新为下一路点序号，车辆需要根据这个新目标点调整其运动。当车辆穿越 Y_{T_j} 轴时，如果不满足距离和方向误差条件（分别为 $d > E_{dis}$，$e_\theta > E_{angle}$），车辆需要切换到下一路点。显然，如果环境建模准确且控制律方法适当，这种情况是不会出现的。除了这些方面，如果发生这种情况，则可以使用最大距离和角度误差的值来确定车辆是否可以继续导航。本书未涉及此故障检测/诊断，但在 5.3.1 节中将给出所使用控制律的准确分析，以确定误差上限与控制器参数之间的关系（参见 3.2.2 节）。

同样有趣的是，2.3.2 节或者 4.3.2 节给出的 Y_{T_j} 轴定义，引导着任务的实现。在 2.3.2 节中，Y_{T_j} 轴被用来完成基本的避障；而在 4.3.2 节中基于 PELC 的轨迹规划算法中，Y_{T_j} 轴用作切换到下一个路点。

算法 7：顺序目标分配算法

要求：车辆位姿，当前目标路点 T_j，包含 N 个路点的路点集合

保证：到达路点 T_j 时，保证车辆能够保持向下一个路点 T_{j+1} 前进的最佳构形状态

1：　　**if** $(((d \le E_{dis} \text{ and} e_\theta \le E_{angle}) \text{ or } (x^{T_j} \ge 0))$

　　　　$\{x^{T_j}$ 是车辆在局部目标坐标系 $X_{T_j} Y_{T_j}$ 中的坐标值（见图 5.2）$\}$

　　　then

2：　　从当前目标路点 T_j 切换到序列中的下一个目标路点 T_{j+1}

3：**else**

4：　　保持奔向目标路点 T_j

5：**endif**

5.3　控制方面

如上所述，为了获得安全可靠的车辆导航，重要的是具有适当的控制律去顺序到达指定的路点。3.2.2 节定义的控制律已用于所提出的控制架构（参见

图 5.3），以确保目标的导航。需要注意的是，如 3.2.2 节所述，该控制律是渐近稳定地到达静态或动态目标的。在目前的研究中，到达任何一个指定的目标时的速度（参见式（3.16））不能为 0，这对保证车辆在不同路点之间的导航平顺性很重要。

尽管这种控制律被证明是渐近稳定的（使用李雅普诺夫函数分析）[Vilca 等，2015a]，当车辆邻近目标附近时，也无法直接获得位置和航向误差值，但这些信息对导航安全是很重要的。实际上为了确保安全导航，车辆必须以尽可能高的精度经过每一个路点。很明显，需要在环境中适当地配置路点，详见 5.4 节路点规划阶段的准确配置介绍。

5.3.1 节旨在说明控制律误差估计方法，5.3.2 节将讨论如何提高路点间切换的平顺性。

5.3.1　可靠地达到基本目标

本节旨在分析 d 和 e_θ 的误差上限与控制器参数 K（参见 3.2.2 节）的关系，机器人和目标点之间的最大距离 d 和最大航向角度误差 e_θ 的误差上限分别表示为 E_{dis}、E_{angle}（参见图 5.2）。这包括确定最小距离 d_{iMin}（参见图 5.4），使得当车辆到达指定目标时（最终时间 $t = t_f$），满足车辆运动学约束（参见 3.8 节）和最终误差条件（$d_f < E_{dis}$ 和 $e_\theta < E_{angle}$）。

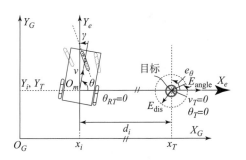

图 5.4　通过调整 d_{iMin} 限制车辆构形状态，
同时考虑到 E_{dis} 和 E_{angle} 的误差界限

图 5.5 显示了获取最小距离 d_{iMin} 的整体过程：

① $e_{\theta o}$，$e_{RTo} < \pi/2$，对应于所定义控制律的初始稳定条件（参见 3.2.2 节）。

② $K = (K_d, K_l, K_o, K_x, K_\theta, K_{RT})$ 是常数增益向量，表征控制律参数。考虑到最大速度 v_{max} 和最小曲率半径 $r_{c_{min}}$ 等车辆约束，K 是固定的。

③ E_{dis} 和 E_{angle} 是对应于 $t = t_f$ 时满足的误差上限。

为了简化控制器分析，对航向误差 e_θ 和距离 d 分别进行处理。

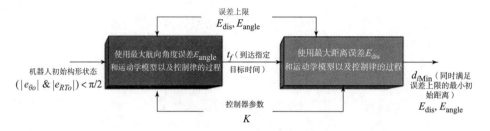

图 5.5　分析框图（在左右方块中，程序分别使用方程（5.3）和方程（5.5））

首先，计算航向误差 e_θ。此时，假设车辆与目标之间存在足够的初始距离 d_i（$d_i \gg E_{dis}$），使得 e_θ 单调收敛于 0（参见 3.2.2 节）。这样就可以估计达到 $e_\theta \ll E_{angle}$ 的最小时间。以下分析考虑了静态目标（$\dot{x}_T = \dot{y}_T = 0$ 且 $r_{cT} \to \infty$）和极端车辆构形状态 $|e_{\theta o}| = \pi/2 - \zeta$（$\zeta$ 为非常小的正数，约等于 0）。因此，车辆初始时具有相对于目标路点允许的最大航向误差。这个想法是在车辆方向误差 e_θ 中使用这个极限进行分析的，这对应于最慢的可能误差收敛，然后推断出车辆不太危险的构形状态，使得 $|e_{\theta o}| \ll \pi/2$。实际上，对于不太危险的构形状态，航向误差 e_θ 的收敛速度将比限定的情况（$e_\theta \to \pi/2$）快。

根据文献［Vilca 等，2015a］，再考虑上面所述车辆和目标的约束构形状态得到的结论，可得到 e_θ 的分析函数。这个函数足以逼近车辆接近目标时的误差 e_θ，可由下式给出：

$$e_\theta = f_\theta(t, \boldsymbol{K}, e_{\theta o}) = 2\tan\left(\frac{e_{\theta o}}{2}\right)\left[\frac{C + \cos(e_{\theta o})(C-1)}{C - \cos(e_{\theta o})(C+1)}\right]^{C/2} e^{-\frac{K_\chi AB}{K_o} C^2 t_f} \quad (5.2)$$

式中，$A = K_d d$，$B = K_o K_\theta$，并且 $C = \sqrt{(A/B + 1)}$。

使用式（5.2）和固定的 $\boldsymbol{K}$ 向量值，可以计算出获得 $e_\theta = E_{angle}$ 需要的时间 t_f 值：

$$t_f = f_\theta^{-1}(E_{angle}, \boldsymbol{K}, e_{\theta o})\big|_{e_{\theta o} = \pi/2 - \zeta} \quad (5.3)$$

如果 $t = t_f$，那么 $e_\theta \leqslant E_{angle}$。

其次，一旦时间 t_f 是固定的，就可以用它来确定 d_{iMin}，对于任何车辆初始构形状态，总有 $d_f < E_{dis}$ 和 $e_\theta < E_{angle}$，相对于 $e_{\theta o}$，$e_{RTo} < \pi/2$ 且 $d_i \geqslant d_{iMin}$。对于固定导航时间 t_f，到达目标可能的最大初始距离 d_i 是当车辆的初始配置对应于 $e_{RT} = 0$ 和 $e_\theta = 0$ 时（即直线连接到目标路点）。显然，d_i 越大，越能确定车辆处于极端构形状态，车辆具有适当航向误差 $e_\theta \leqslant E_{angle}$ 就能达到目标路点，如图 5.4 所示。

取 $e_{RTo} = 0$ 和 $e_\theta = 0$，可以写出 d 的迭代式 [Vilca 等，2015a]：

$$d = d_i e^{-K_x K_d t} \tag{5.4}$$

因此，当已知 $t = t_f$，$d = d_{iMin}$ 时，使用式（5.4）可以很容易得出结论：

$$d_{iMin} = E_{dis} e^{K_x K_d t_f} \tag{5.5}$$

5.3.3.1 节的仿真验证了上述结果。有关获取 d_{iMin} 的不同方法的更多细节可以参考文献 [Vilca 等，2015a]。

5.3.2　目标之间的平滑切换

当车辆从一个目标路点切换到另一个目标路点时（如图 5.2 所示，例如从路点 T_{j-1} 切换到路点 T_j），控制器变量 $C_v = (e_x, e_y, e_\theta, e_{RT}, v_T, r_{C_T},)$（参见 3.2.2 节）可能发生突变。在某些情况下，这些生硬切换可能会导致执行机构发生冲击（v 和 γ，参见式（3.16）和式（3.17））。这种情况在某些应用中可能会发生，例如乘用车执行运输任务时乘客会有不舒适感。

本节通过应用一种平滑控制变量来避免这种硬切换，它会使车辆改变一定引入的运动距离 d_s（平滑距离），但不会明显地扰乱车辆的安全导航 [Vilca 等，2013b]。该距离 d_s 取决于车辆到下一个路点 T_{j+1} 之间的初始距离（d_i 的百分比）。一个 Sigmoid 函数被应用到 d_s 上的控制器变量为 C_v。根据覆盖距离 $d_c = d_i - d$，设计了新的平滑虚拟控制器变量（Smooth Virtual Controller variables, SVC_v），其中 d 是到当前目标的距离（参见图 5.6），SVC_v 函数定义如下：

$$SVC_v(d_c) = C_{vi} + \frac{C_v - C_{vi}}{1 + e^{-a(d_c - d_o)}} \tag{5.6}$$

式中，C_{vi} 和 C_v 分别是控制器的初始值和当前值。例如，对于 C_v 的元素 e_x，当目标路点从 T_j 切换到 T_{j+1} 时，e_{xi} 是切换到 T_{j+1} 之前的误差值，e_x 是当前目标 T_{j+1} 的误差值。d_o 是函数当前值的一半，a 是一个与 Sigmoid 函数斜率相关的常数。当 $d_c = d_s$ 时，获得有效值（$SVC_v \approx C_v$）（参见图 5.6）。5.3.3.2 节中给出了使用仿真结果会对此进行验证。

5.3.3　仿真结果（控制方面）

这些仿真展示了基于顺序目标到达的导航策略性能，包括稳定性、可靠性和平滑性。

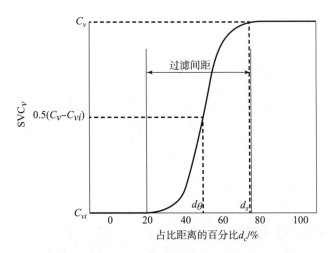

图 5.6　目标变化发生时平滑控制的 SVC_v 的变化图

5.3.3.1　基本目标达到控制（稳定性/可靠性）

第一个仿真实验主要针对所提出的控制律（参见 3.2.2 节）达到期望最终构形状态（位姿和速度）的特性。

对于每一个仿真实验，车辆的起始位置都相同，但初始航向不同。图 5.7（a）和（b）验证了 5.3.1 节中提出的分析结果，由车辆极限构形参数 $e_\theta \approx \pi/2$ 获得的最小距离 $d_{i\mathrm{Min}}$，能够满足其他不太关键的初始构形参数的误差上限。期望的最终构形状态为 $(x_T, y_T, \theta_T) \equiv (15, 4, 0°)$ 和 $v_T = 1\ \mathrm{m/s}$（参见图 5.7（a））。

控制器参数 $K = (1/d_i, 0.6, 10, 0.1, 0.3, 0.01)$ 是固定的，以便有快速和平滑的车辆轨迹，同时考虑到车辆最大速度 $v_{\max} = 1.5\ \mathrm{m/s}$ 和最小转弯半径 $r_{c\min} = 3.8\ \mathrm{m}$。考虑到 $E_{\mathrm{dist}} \leq 0.1\ \mathrm{m}$ 和 $E_{\mathrm{angle}} \leq 5°$，使用式（5.3）和式（5.4）推出 $t_f \approx 10.5\ \mathrm{s}$（参见式（5.3）），最终距离目标的最小有效初始欧氏距离是 $d_{i\mathrm{Min}} = 10.6\ \mathrm{m}$。

图 5.7（a）和（b）分别显示了不同初始航向和航向偏差的车辆轨迹。图 5.7（a）显示了系统的收敛取决于初始航向偏差。图 5.7（b）显示误差是有界的（参见式（5.2））（黑色粗线）并且总是收敛到零（参见 5.3.1 节）。对于上述每个仿真，李雅普诺夫函数的变化如图 5.8（a）所示，并证实了所使用的控制方法的渐近稳定性。此外，图 5.8（b）显示了构成李雅普诺夫函数的三项（随时间的变化规律）（参见方程（3.15）），其中第一项为 $0.5K_d d^2$，第二项为 $0.5K_l d_l^2$，第三项为 $K_o[1 - \cos(e_\theta)]$。

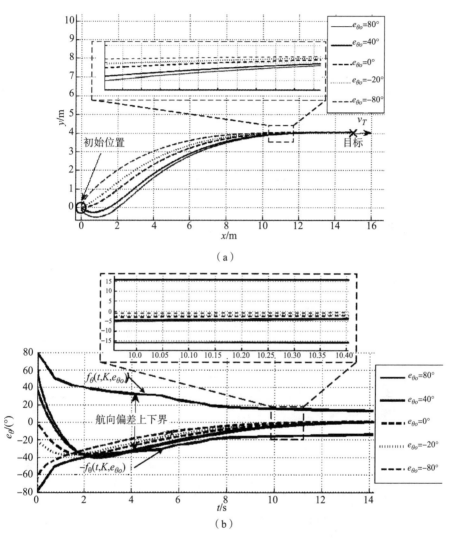

图 5.7　（a）几种不同初始航向的车辆轨迹；
（b）几种不同初始航向的车辆航向偏差（e_θ）

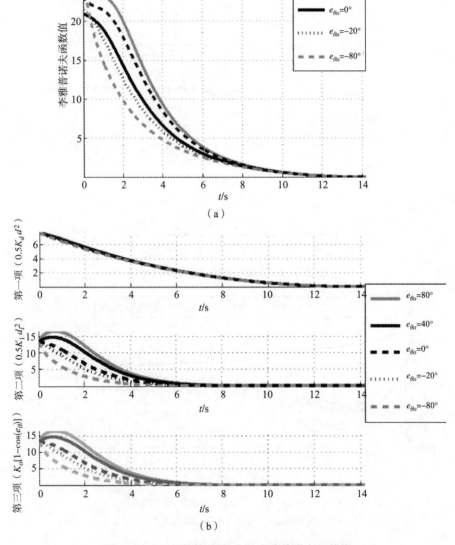

图 5.8 （a）不同初始航向的李雅普诺夫函数值；
（b）李雅普诺夫函数值的不同项（参见式（3.15））

5.3.3.2　顺序目标到达/切换

以下的仿真主要集中在提出的导航策略在顺序目标到达时的可靠性和平稳性上。所提出控制律（3.2.2 节）的到达/跟踪静态目标的性能也将被评估。图 5.9（a）展示了先顺序到达几个静态目标（T_i, $i = 1$, 2, …, 6），紧跟着跟踪一个动态目标 T_d（正弦轨迹）时车辆的轨迹。静态目标之间定位在不同的初始距离 d_i 和航向（T_5 的航向为 45°，T_6 的航向为 0°）。每次仿真测试的目标速度分布分别为 $v_T = 0.1$ m/s，0.5 m/s 和 1.0 m/s。控制器参数的值为 $K = (1/d_i, 1.8, 8, 0.15, 0.6, 0.01)$（$d_i$ 是与目标的初始距离）。在车辆的极限范围内，即 $v_{max} = 1.5$ m/s，$r_{cmin} = 3.8$ m（$\gamma_{max} = \pm 19°$）时，选择这些参数以获得安全平稳的轨迹、快速的响应和约束范围内的车速。需要注意的是，位于不同位置和不同速度车辆都能收敛到各自分配的目标路点上（静态和动态）。当车辆到达最后一个静态目标 T_6 时，动态目标开始运动。

图 5.9（b）显示了到达不同目标时的误差值 d 和 e_θ，对于静态目标（T_i, $i = 1$, 2, …, 6），所得到的仅仅是在从目标 T_i 到目标 T_{i+1} 切换之前的误差值；而对于动态目标，则显示了在跟踪阶段 $d(t)$ 和 $e_\theta(t)$ 的变化。可以观察到静态目标的距离和航向误差取决于初始构形状态值（距离和方向），并且当接近静态目标时误差会增加。和预想的一样，对于动态目标，小的目标速度分布能更快地向零趋近。

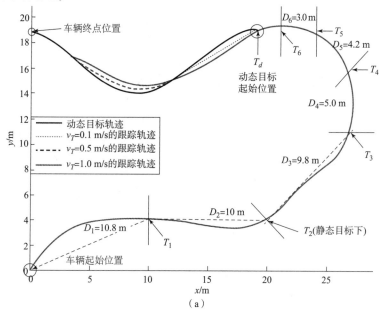

图 5.9　（a）不同目标速度车辆轨迹

119

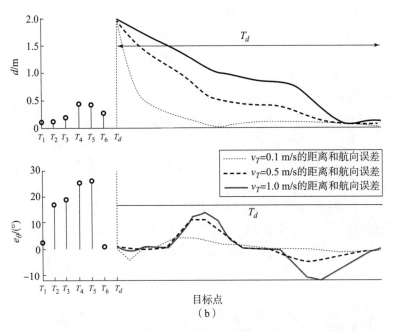

图 5.9　（b）不同目标速度/姿态的距离和航向误差（续）

　　如图 5.10 所示，分布速度为 $v_T = 0.5$ 的静态目标，车辆控制参数（速度和转向角）中使用了 Sigmoid 函数。需要注意的是，Sigmoid 函数有助于避免在过渡过程中的峰值并且有更平稳的车辆指令，有利于保持车辆控制的稳定性。

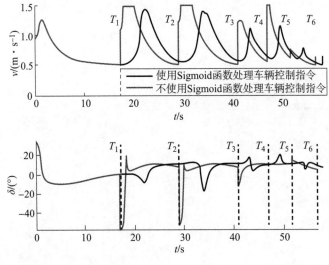

图 5.10　没有使用自适应 Sigmoid 函数（SVC_v）的控制命令

为了突出所提出的基于连续路点的导航策略的一般性，当路点很接近时使用该控制策略来进行验证，这就像车辆必须跟随轨迹一样。为此，使用从参考轨迹中选择的两组路点，第一组两个路点之间的距离是 2 m，另一组为 4 m（参见图 5.11）。图 5.11 和图 5.12 分别显示了车辆轨迹，以及相对于参考轨迹的横向位置误差 E_{lateral}、航向误差 e_{θ}（用于两组路点）。可以注意到，所获得的车辆轨迹足够接近于参考轨迹，并且像预期的那样，当路点之间的固定距离减小时，横向位置和航向误差也较小。因此，如果路点足够近，所提出的导航策略和控制方法可以准确地跟踪轨迹。

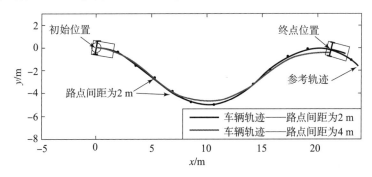

图 5.11　航点之间不同距离的车辆轨迹

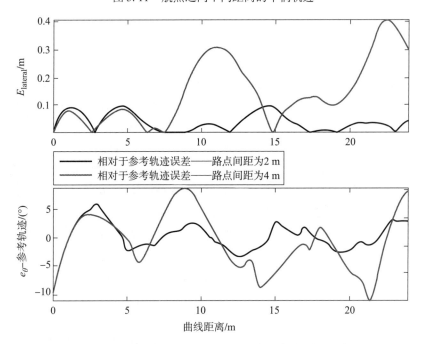

图 5.12　不同路点之间距离的车辆轨迹与参考轨迹的偏差

还要指出的是，文献［Vilca 等，2015a］对本书提出的控制律与其他文献中提出的专用于路径跟踪或轨迹跟踪的控制方法（例如，［Samson，1995；Daviet 和 Parent，1997］或［Siciliano 和 Khatib，2008］）进行了测试比较。获得的结果证实，即使本书所提出的控制律没有专门设计去考虑某个参考路径/轨迹，跟踪效果也是非常令人满意的［Vilca 等，2015a］。此外，本书所提出的控制律的优点在于其执行自主导航控制的灵活性。实际上，本书所提出的控制律只需知道目标的位姿和速度，而不是要跟踪整个轨迹。

5.4　路点配置方法

基于顺序目标达到为原理的导航策略在控制稳定性和平滑性方面已经得到验证（参见 5.3 节），本节提出了获取环境中这些路点最合适构形参数配置（数量、姿态等）的方法，目的是在所有情况下确保导航的安全性，同时考虑到导航的平滑性和反应速度的要求。

以下有两种方法来获得路点的合理构形。第一种是最完整的方法（参见 5.4.2 节），使用多目标函数获取最优路点集；第二种方法限制性更强，使用原有的轨迹，并在该轨迹上选择最小数量的路点（参见 5.4.3 节）。在给出这些方法的细节之前，先给出在以下方面有关路点规划的最新进展。

5.4.1　路点规划研究现状

可以使用不同的算法来获取路点的构形参数配置，如 A^* 算法、D^* 算法［Choset 等，2005］、快速随机树算法（Rapidly Random Tree，RRT）［Kuwata 等，2008］、稀疏 A^* 搜索算法（Sparse A^* Search，SAS）［Szczerba 等，2000］。构形空间（C-space），空间包含车辆所有可能的构形参数［Siciliano 和 Khatib，2008］，能够识别车辆可以导航并且没有碰撞风险的安全区域（C-space$_{free}$）。C-space 用于计算到 C-space$_{obst}$（障碍或道路边界空间）的最小距离。图 5.13 显示了构形空间及其维诺图［Latombe，1991］，灰度代表了距离 C-space$_{obst}$ 的最近的距离（最白色的区域代表了最安全的区域）。通常，基于栅格地图的规划算法（如 A^* 算法或 D^* 算法）可以通过优化目标距离、到危险区域的距离等这些标准来产生最短路径［Choset 等，2005］。该算法通常从最后的单元格（最终位置）开始，并穿过邻近的单元格直到初始位置。穿过邻近单元格的成本会被加在总成本上，所以会选择总成本最低的相邻单元，达到初始位置后，该过程终止。路径是通过网格图中单元格的位置给出的，同时回溯这些单元格就会获得较低的路径成本，并且有时使用多项式插值来获得平滑路径［Connors 和 Elkaim，2007］。文献［Ziegler 等，2008］说明了基于假定恒定速度的回旋轨迹的 A* 算法。因此，只考虑相对于前一个单位格方向发生变化的单元格时，可以从最短路径中选择合适的路点，然而该算法没有考虑前/初始车辆航向或其运动约束。

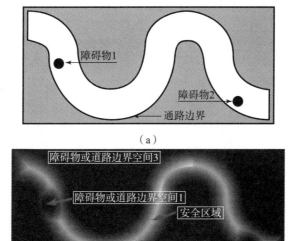

（a）

（b）

图 5.13　（a）道路环境设计；（b）C-space 空间和维诺图

除了使用栅格地图，也可以采用扩展树算法获得安全、可行、顺畅的路径（如 RRT、RRT* 或 SAS 算法［LaValle，2006；Kuwata 等，2008；Karaman 和 Frazzoli，2011；Szczerba 等，2000］）。这可以通过向车辆模型提供命令来达到连续选择的节点，直到达到目标［LaValle，2006；Kuwata 等，2008；Szczerba 等，2000］。RRT 的基本过程包括在每个采样时间选择 C-space$_{\text{free}}$ 空间中的随机节点 q_{random}，该选择通常仅考虑位置 $q_{\text{random}} = (x_{\text{random}}, y_{\text{random}})$，而没有考虑任何先验的最终车辆航向［LaValle，2006］。然后，每间隔恒定的时间 t_{exp} 将控制命令（离散值）应用于车辆，从其当前位置和航向开始运动，该车辆模型和恒定命令允许我们预测在 t_{exp} 结束时的最终车辆位置。产生距当前随机节点 q_{random} 最接近的节点位置 q_{choose}（一个优化专用任务标准的节点［Vaz 等，2010］）的命令会被选择并与 q_{choose} 一起存储，同时，一个新的过程开始去到达 q_{random} 或选择一个新的随机节点 $q_{\text{random}}^{\text{new}}$。因此，路点可以选择，就如在栅格地图的情况下一样，同时只考虑相对前一个节点方向发生改变的节点。

基于 RRT 的算法对于运动规划非常有用，因为它们可以提供控制命令（基于车辆的运动学/动力学模型）去达到期望的最终构形状态［Kuwata 等，2008；Vaz 等，2010］，而且避免了使用栅格地图，在大型环境中栅格地图会增加计算时间。文献［Szczerba 等，2000］使用扩展树进行轨迹规划并引入了不同的约束，如最大转向角和路线距离。然而，这种方法没有考虑车辆沿着轨迹的运动或局部定位的不确定性。在文献［Kallem 等，2011］中，顺序组合的控制器（如奔向地标和沿墙控制器）用来生成有效的导航函数车辆状态 q_{choose}。这种方法避免了去寻找一个全局最优的控制方法，当地标不可获取时（如 GPS 失效区域）可使用一些额外的车辆感知功能。然而，这样获得的导航函数一般需要复杂的计算处理，而且这种特殊处理不是常态化的，需要增加特殊的处理条件。

扩展树算法最重要的缺点是收敛缓慢，它需要覆盖所有空间去达到目标，并且在大多数情况下，因为节点是随机选择的，算法不能得到最短路径［Abbadi 等，2011］。此外，重要的是强调在 RRT 中的控制命令是在一段时间内维持不变的，而在提出的工况中（参见 5.4.2 节），除了车辆运动学模型，车辆运动还考虑了所使用的控制方法的定义。5.4.4.1 节进行了扩展树 RRT 算法和维诺图方法的对比分析测试。

以下主要提出一种基于扩展树的规划方法，应用在结构化环境中获得最优路点配置（见图 5.1），该方法考虑了车辆运动学模型和控制方法的约束。优化标准与车辆的运动学约束（非完整约束、最大速度和转向角）和定位不确定性有关。

5.4.2　基于扩展树的多目标优化路点选择（OMWS-ET）

本节提出一种在结构化环境中实现了安全、灵活的车辆导航的路点选择方法。该方法使用基于扩展树的多目标优化路点选择（Optimal Multi-criteria Waypoint Selection based on Expanding Tree，OMWS-ET）来获得路点。文献［Vilca 等，2015b］提出了另一种基于 OMWS 的栅格地图方法（OMWS-based Grid Map，OMWS-GM），在此不作详细说明。两种优化方法都是通过考虑道路上安全的位置、轨迹的可达性（连续路点的平滑变化和满足车辆的运动学约束）和系统不确定性（建模/定位）来选择路点。路点选择方法定义为一个动态规划（Dynamic Programming，DP）的优化问题［Bellman，1957；Bellman 等，1959］。下面给出其通用公式。

> **优化问题**：对于每个离散状态 $x_k \in X$，其中 X 是一个非空有限状态空间，其目的是在最小化代价函数的同时获得达到最终状态 x_K 的状态序列：
>
> $$C(x_K) = \sum_{k=1}^{K} g(Pred_{x_k} \to x_k) + h(x_K) \tag{5.7}$$
>
> 式中，$Pred_{x_k}$ 是 x_k 的前一个状态；g 是从 $Pred_{x_k}$ 到 x_k 状态的实时旅行成本函数；h 是从目前状态到最终状态 x_K 的未来旅行成本函数（启发函数）。当目前状态是最终状态 x_K 时，$h(x_K) = 0$。函数 h 有助于提高次优解趋向全局最优解的收敛性 [Bertsekas，1995]。

在详细介绍基于扩展树的多目标优化路点选择方法（OMWS-ET）之前，先给出扩展树的定义。扩展树由具有以下属性的节点和边组成：

① 每一节点 q_j 由路点位姿 $(x_{qj}, y_{qj}, \theta_{qj})^{\mathrm{T}}$、前一节点 q_i（除了初始节点）、旅行成本 $g(q_j)$ 和 $h(q_j)$ 确定（参见式（5.7））。

② 每一边 ξ_{ij} 对应着从节点 q_i 到节点 q_j 的连线。

③ $g(q_i \to q_j) = g(\xi_{ij})$，从节点 q_i 到节点 q_j 的旅行成本。

④ $h(q_j) \in [0, 1]$，当前节点 q_j 到最终节点（最终车辆位姿）的启发式旅行成本，由从 (x_{qj}, y_{qj}) 到最终目标车辆位姿的欧氏距离 d_{qj} 来定义：

$$h(q_j) = k_h(1 - e^{-d_{qj}/k_e}) \tag{5.8}$$

式中，$k_h \in [0, 1]$，为调整 $h(q_j)$ 在总成本函数（5.7）中重要程度的系数；选择指数函数是由于指数函数值可以关于 d_{qj} 在 $0 \sim 1$ 之间变化；$k_e \in \mathbf{R}^+$，它被用来根据环境大小来缩放 d_{qj} 的值；随着下一个可能的选定节点越接近最终位姿，$h(q_j)$ 就会越小。

旅行代价 $g(\xi_{ij}) \in [0, 1]$ 用来获得在安全、平滑、可行和快速车辆轨迹方面进行适当的平衡，定义如下：

$$g(\xi_{ij}) = k_1 \bar{\omega}_j + k_2 \Delta \bar{v}_{ij} + k_3 \Delta \bar{\gamma}_{ij} + k_4 \Delta \bar{e}_{l_{ij}} \tag{5.9}$$

式中，k_1，k_2，k_3，$k_4 \in \mathbf{R}^+$，由控制器设计者定义，根据具体情况给出每个条件的适当平衡（例如，相比平滑性更关注安全性），为了旅行成本的标准化，$k_i | i = 1, 2, \cdots, 4$，且必须满足：

$$k_1 + k_2 + k_3 + k_4 = 1 \tag{5.10}$$

式（5.9）给出的单个评价标准的规范化使我们能够在选择某一项的优先级时简化 k_i 的选择。

代价函数（如式（5.9））的第一项和导航的安全有关（如式（5.11））。第二项和第三项分别和导航轨迹的速度（如式（5.12））和平滑度（如式

(5.17)）有关。函数第四项和考虑位置不确定性时车辆轨迹的可行性或者考虑车辆不准确位置和方向时与障碍物碰撞的风险有关。最后一项考虑了车辆的运动学模型和控制规律。每一项的细节如下：

①第一项 $\bar{\omega}_j \in [0, 1]$ 和从节点 q_j 到最近的障碍物 C-space$_{obst}$ 的距离有关。对从节点 q_j 到最近的障碍物 C-space$_{obst}$ 的距离 $d_{qj\_To\_Obst}$ 归一化，如下式所示：

$$\bar{\omega}_j = 1 - \frac{d_{qj\_To\_Obst}}{d_{max\_To\_Obst}} \tag{5.11}$$

式中，$d_{max\_To\_Obst}$ 是所有自由区域 C-space$_{free}$ 单元格到最近障碍物的距离 $d_{qj\_To\_Obst}$ 的最大值。例如，图 5.14 所示为使用栅格地图的离散环境，其中位于 (a, b)，(i, j)，(m, n) 的三个单元格，这里有 $d_{max\_To\_Obst}$ 等于 $d_{mn\_To\_Obst}$。

②第二项 $\Delta\bar{v}_{ij} \in [0, 1]$ 和从节点 q_i 到 q_j 的速度 v_{ij} 有关。可以通过下式表示：

$$\Delta\bar{v}_{ij} = 1 - \frac{v_{ij}}{v_{max}} \tag{5.12}$$

式中，v_{max} 为车辆最大速度，v_{ij} 为车辆期望轨迹的曲率函数，当曲率为零时，速度最大；当曲率大于最大车辆转向角 γ_{max} 时，速度最小，且 $v_{min} \neq 0$（参见 3.2.2 节）。这种考虑能够保证车辆机动时没有碰撞风险，同时增强乘客的舒适性（例如，限制向心力 [Labakhua 等，2008]）。速度的最小值和最大值、转向角由设计者根据车辆特性自行定义。通过当前节点和前一节点的方向来确定曲率。因此，v_{ij} 可以由下式计算：

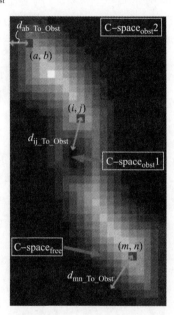

图 5.14　图片灰度法，灰色表示到最近障碍 C-space$_{obst}$ 的距离（白色是最安全的区域）

$$v_{ij} = v_{max} - \Delta\bar{\theta}_{ij}(v_{max} - v_{min}) \tag{5.13}$$

式中，$\Delta\bar{\theta}_{ij} \in [0, 1]$ 为和当前节点 q_j 和前一节点 q_i 的方向变化有关的归一化估计曲率。它由下式表示：

$$\Delta\bar{\theta}_{ij} = \frac{\theta_j - \theta_i}{\Delta\theta_{max}} \tag{5.14}$$

式中，$\Delta\theta_{max}$ 为当前节点的可能方向相对于前一节点方向的最大可能变化量，根据车辆的转向能力确定。θ_j，$\theta_i \in [-\pi, \pi]$ 通过当前节点的位置 $q_i(x_i, y_i)$、前一节点位置 $q_m(x_m, y_m)$ 和可能的下一节点位置 $q_j(x_j, y_j)$ 确定。由如下公式得出：

$$\theta_i = \arctan([y_m - y_i]/[x_m - x_i]) \tag{5.15}$$

$$\theta_j = \arctan([y_i - y_j]/[x_i - x_j]) \tag{5.16}$$

③第三项 $\Delta\bar{\gamma}_{ij} \in [0, 1]$ 和从 q_i 运动到 q_j 车辆运动轨迹（如图 5.15 所示，两节点之间的车辆运动轨迹）的转向角的变化量有关，由下式表示：

$$\Delta\bar{\gamma}_{ij} = \frac{\sum_{q_i}^{q_j} |\Delta\gamma_{ij}|}{n_{q_{ij}}\gamma_{max}} \tag{5.17}$$

式中，$n_{q_{ij}}$ 为 q_i 与 q_j 之间车辆轨迹的节点数目；γ_{max} 为车辆最大转向角；$\Delta\bar{\gamma}_{ij}$ 计算沿车辆轨迹转向角变化量 $\Delta\gamma_{ij}$ 的总和。它通过运动学模型和控制策略来估计车辆轨迹。

④第四项 $\Delta\bar{e}_{l_{ij}} \in [0, 1]$ 是对车辆连接 q_i、q_j 两节点位置的直线 (x_q, y_q) 而言的车辆轨迹最大偏差的归一化（参见图 5.15）。它由下式表示：

$$\Delta\bar{e}_{l_{ij}} = \frac{|\Delta e_{l_{ij}}|}{\max\{\Delta e_l\}} \tag{5.18}$$

式中，$\max\{\Delta e_l\}$ 是考虑位置和航向不确定性（由 ε_d、ε_θ 分别给出，见图 5.15）时从节点 q_i 到 q_j 所有轨迹的最大偏差。$\Delta\bar{e}_{l_{ij}}$ 可以通过车辆轨迹、运动学模型、控制策略和定位不确定性（位置和航向）预测碰撞风险。图 5.15 中，车辆有轴向偏差为 ε_d^l 和 ε_d^t 的一个椭圆区域的位置不确定性。车辆轨迹开始于横向距离为 $\pm\varepsilon_d^l$（纵向距离为零）或纵向距离为 $\pm\varepsilon_d^t$（横向距离为零），从 $a \pm \varepsilon_\theta$ 的位置到预期方位，也即，根据最大误差位置、最大横向偏差（Δe_l）考虑所有极端位置。通过离线仿真程序中的运动学模型和控制策略来获得轨迹。

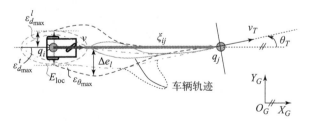

图 5.15　始于方位不确定椭圆 E_{loc} 极端情况（$\pm\varepsilon_{d_{max}}^l$，$\pm\varepsilon_{d_{max}}^t$，$\pm\varepsilon_{\theta_{max}}$）的车辆轨迹，$\Delta e_l$ 是所有车辆轨迹的最大横向偏差

算法 8 以程序伪代码表示，该方法采用扩展树获得相对于最优多目标函数（式（5.9））而言的最优路点配置。图 5.16 显示算法的第一步，例如，每个节点的分支数 $n_t = 3$，并且每个分支相对于车辆方向的方向通过下式给出：

$$\alpha = \pm i\Delta\alpha, i = \begin{cases} 0,1,\cdots,(n_t - 1)/2; & n_t \text{ 为奇数} \\ 1,2,\cdots,n_t/2; & n_t \text{ 为偶数} \end{cases} \qquad (5.19)$$

式中，$\Delta\alpha$ 为根据车辆特性定义的角度常数。

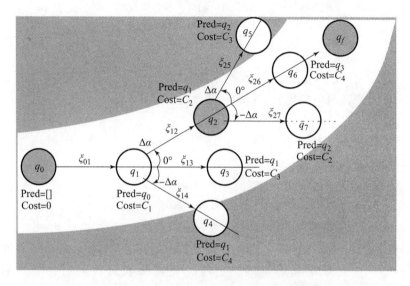

图 5.16 能够获得合适路点集的扩展树方法

边的距离 ξ 是两连续节点之间的欧氏距离，它取决于环境的大小，例如，如果环境有一个狭窄的通道，那么 ξ 必须满足这个尺寸要求。可以认为边的方向是当前节点的车辆航向（见图 5.16），由于车辆以初始固定的位姿开始，q_0 的第一次扩展时 $\alpha = 0$（如算法 8 的 3~5 行）。

初始的扩展必须满足运动学约束，以及车辆转向所需的几何空间（线速度 $\neq 0$），所以连续节点 q_1 有不同的可能方向（见图 5.16）。该算法能选择出具有较低总成本的节点 $C(q_j)$（参见式（5.7））。当两个或多个节点具有相同的成本时，该算法选择最后保存的节点。连续步骤如图 5.16 所示，节点 q_2 是 q_1 的扩展树 $\{q_2, q_3, q_4\}$ 中总成本值较低的节点，在跟踪具有较低总成本节点的前一个节点的同时获得该组路点。用最低成本选择的路点（算法 8 的第 16、17 行）可以避免死区，因为死区中节点的连续分支在障碍区域中（见图 5.17（a））。

128

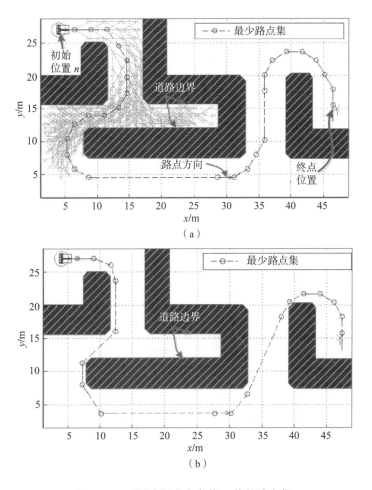

图 5.17　不同旅行成本参数 k_i 值的路点集

（a）最安全路径：$k_1 = 1.0$，$k_2 = k_3 = k_4 = 0$，$k_h = 0.1$；

（b）最安全路径：$k_2 = 1.0$，$k_1 = k_3 = k_4 = 0$，$k_h = 0.1$

车辆轨迹的平滑度取决于每个树分支的数量 n_t、分支的最大方向 $\alpha_{max} = n_t \Delta\alpha/2$ 和边长 ξ（也即顶点之间的距离）。分支数 n_t 过大的缺点是会增加获得路点集的处理时间。顶点距离 ξ 被用来检测两个连续节点之间的障碍物。

算法 8：基于扩展树的路点选择算法

要求：初始位姿 p_i；终点位姿 p_f；每个节点的路径分支数 n_t；边长 ξ；$\Delta\alpha$ 是根据车辆特性定义的角度常数，表示分支路径之间的夹角；允许的距离误差 ϵ；自由区域 $C\text{-space}_{\text{free}}$。

输出：路点集合 S_p

1：初始化初始节点 $q_0 = p_i$，$g_O = 0$，$Pred_{q_O} = \emptyset$

2：初始化要扩展的当前节点 $q_i = q_0$

3：初始化 $Tree(q_i) = \text{Expansion\_Tree}$（参见**算法 9**）且 $\alpha = 0$（初始扩展）

4：将新的节点设置为扩展节点 $q_i = r_t$，其中 $r_t \in Tree(q_i)$

5：设置 $Pred_{r_t} = q_i$，并计算总成本 $C(r_t)$（式（5.7））

6：**While** $|q_i - p_f| < \epsilon$ **do**

7：   计算 $Tree(q_i) = \text{Expansion\_Tree}$

8：   ｜参考算法 9，$\alpha = \pm i\Delta\alpha$｜

9：   **for** $r_t \in Tree(q_i)$ **do**

10：   **if** $r_t \in C\text{-space}_{\text{free}}$ **then**

11：   计算总成本 $C(r_t)$（式（5.7））

12： $Pred_{r_t} = q_i$

13：   将 r_t 加入列表 Q

14：   **end if**

15：   **end for**

16：   将列表 Q 节点按总成本升序排列

17：   获得列表 Q 第 1 个值并将该节点移出列表 Q

18：**end while**

19：S_p 是 $q_i = p_f$ 前序节点的集合

算法 9：Expansion_Tree 扩展树算法

要求：当前节点 q_i，α 的集合 $S(\alpha)$，边长 ξ

输出：$Tree(q_i)$ 节点

1：初始化 $Tree(q_i)$ 为非空

2：**for** $\alpha_t \in S(\alpha)$ **do**

3：   计算方向 $\theta_{r_t} = \theta_{q_i} + \alpha_t$

4：   计算位置和姿态 $T_t = q_i + \left[\xi\cos(\theta_{r_t}), \xi\sin(\theta_{r_t}), \alpha_t\right]^{\mathrm{T}}$

5：   将 r_t 加入 $Tree(q_i)$

6：**end for**

综上所述，旅行成本（见式（5.9））取决于与安全性、速度、减少转向和总体不确定性有关的 4 个参数（$k_i \mid i = 1$，2，3，4，满足式（5.10））。这

些参数的值是固定的，按照期望的导航和环境条件来确定。设定这些参数的实际程序是首先确定最期望的车辆行为，并将其参数 k_i 设置为大于 0.5 的值（参见图 5.17），其他参数将根据设计者的次要优先级进行调整。图 5.17 显示了在旅行成本中某一项是最高优先级时的路点选择情况。例如，图 5.17（a）和（b）中，优先级分别是最安全路径和最短的路径。参数 k_i 的不同调整实例和 OMWS-ET 方法的更多潜能将在 5.4.4 节和 5.5.1 节中介绍。

5.4.3　基于现有安全轨迹的路点选择方法

为了简化路点集的获取方式，可以从已经存在的路径中选择路点。实际上，可以使用诸如维诺图［Latombe，1991］或势场法［Khatib，1986］之类的不同方法获得安全的参考路径。然而，增加这一步路径规划将自由空间 C-space$_{\text{free}}$ 大大限制为只有曲线（对应于所使用的路径而言）。因此，获得的路点集的最优性（参见 5.4.2 节）无法保证。有趣的是，也可以使用实际记录的车辆轨迹获得路径［Vilca 等，2013b］。

可以使用不同的标准来获得适合表示参考路径的最小直线数量。这些标准包括欧氏距离或曲线距离，路点之间的方向或曲率半径可用于确定参考路径上期望的路点。在算法 10 中给出的路点选择方法最大限度地进行了简化。离散化的参考路径 r 由序列位置坐标 $r_i = (x_{r_i}, y_{r_i})$ 及其切线方向组成 θ_{r_i}。确定考虑路径方向变化 $\Delta\alpha$ 的极大值 $\Delta\alpha_{\max}$ 常数后，可计算路径上最小直线段数量（参见算法 10）。在算法 10 中，分别令 $\Delta\alpha_{\max} = 5°$、$10°$、$15°$，计算得到的路点和车辆轨迹如图 5.18 所示，和预期的那样，$\Delta\alpha_{\max}$ 取较小值时路点之间的切换更平滑。

算法 10：在已有参考路径上选择路点

已知条件：存在参考路径　$r = (x_r, y_r)$ 和 $\Delta\alpha_{\max} \in \mathbf{R}^+$

　　输出：路点集合

1：Init $j = 0$, $r_{w_j} = r_0$（初始位置 r）and $\theta_{w_j} = \theta_{r_0}$（路径 r 上该点的切线方向）

2：**for** $r_i \in r$（路径上所有路点序列坐标）**do**

3：　　Compute $\Delta\alpha = | \theta_{r_i} - \theta_{w_j} |$

4：　　**if** $\Delta\alpha \geqslant \Delta\alpha_{\max}$ **then**

5：　　　　$j = j + 1$

6：　　　　Set $r_{w_j} = r_i$ and $\theta_{w_j} = \theta_{r_i}$

7：　　　　Add w_j (r_{w_j}, θ_{w_j}) to S_p

8：　　**end if**

9：**end for**

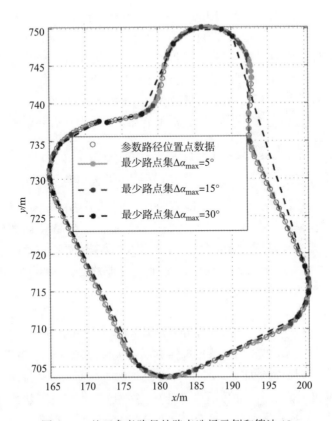

图 5.18　基于参考路径的路点选择示例和算法 10

5.4.4　仿真结果（路点配置方面）

本节通过仿真说明 OMWS-ET 方法的路点优化配置特性，这些路点是根据环境特征和/或要完成的任务得到的。仿真中使用的是 VipaLab 自主车，最大速度为 1.5 m/s，最大转向角 γ_{max} = ±30°，最大线加速度为 1.0 m/s²。控制器参数设置为 K = (1,2.2,8,0.1,0.01,0.6)（参见 3.2.2 节）。选择这些参数用以在精准快速的响应和平滑的路径间达到良好的平衡，同时考虑了车辆结构特性约束限制。当采样时间为 0.01 s，且最大迭代次数 n_I = 5 000 时，如果没有有效解，OMWS-ET 迭代计算停止。

接下来比较 OMWS-ET 算法与众所周知的 RRT* 算法（参见 5.4.4.1 节），并展示检测到意外障碍时 OMWS-ET 进行局部重规划的灵活性（参见 5.4.4.2 节），最后将 OMWS-ET 算法扩展到多车编队控制中（参见 5.4.4.3 节）。值得注意的是，文献［Vilca 等，2015b］给出了更多仿真，例如给出了栅格地图和扩展树算法或者说确定性和概率扩展树算法之间的比较。

作为第一个仿真，图 5.19（a）和图 5.19（b）分别为使用提出的 OMWS-ET（参见算法 8）的示例和使用算法 10［Vilca 等，2015a］时路点数量的减少。

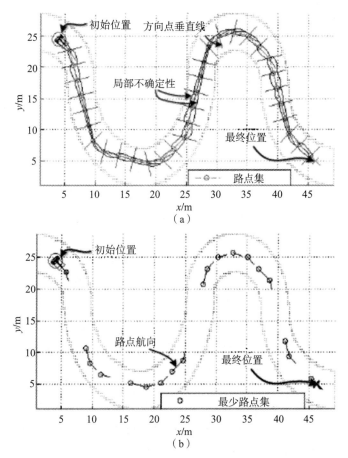

图 5.19　（a）基于 OMWS-ET 的算法 8 获得的路点集；
（b）算法 10 获得的最小路点集

5.4.4.1　OMWS-ET 与 RRT*

为了突出提出的 OMWS-ET 算法的优点和灵活性，本小节将其与普遍使用的 RRT*［Karaman 和 Frazzoli，2011］进行了比较。RRT* 基于已在 5.4.1 节描述的 RRT（快速搜索随机树）算法，添加了重写功能，这样可以重新连接

133

节点以确保边具有最小总代价路径。RRT* 提供了一个具有最小计算和内存需求的最优解［Karaman 和 Frazzoli，2011］。此外，RRT* 是一种基于采样的算法，最优解取决于 RRT* 算法的迭代次数，即迭代次数越多（C-space$_{free}$ 中更多的样本），越接近有效的全局最优解。因此，为了将由 OMWS-ET 得到的解与由 RRT 得出的解进行比较，将算法 8 进行了一些修改。和 RRT* 算法一样，算法 8 的第 6 行改为一个从 0 到最大迭代次数的 for 循环，每次迭代最终位姿的选择通过在 C-space$_{free}$（q_{random}）中采样获得。应当注意的是，q_{random} 对应于 C-space$_{free}$ 中均匀分布的随机样本（位置）。

比较 OMWS-ET 和 RRT* 这两个算法，标准是哪个算法获得的解最安全，即到环境边界的距离最大。因此，OMWS-ET 的代价函数（参见式（5.9））的参数固定为 $k_1 = 1.0$，$k_2 = 1.0$，$k_3 = 1.0$，$k_4 = 1.0$ 和 $k_h = 1.0$，另外，其他参数固定为：分支数 $n_t = 5$，边距离 $\xi = 2.5$ m，$\Delta\alpha = 15°$。文献［Karaman 和 Frazzoli，2011］中描述的 RRT* 算法也被修改为根据安全性 $\bar{\omega}_i$（到边界的距离）得到成本函数，而不是节点之间的欧氏距离。在 $t_{exp} = 2.5$ s 期间，分别具有恒定线速度和转向角（$v = 1.0$ m/s 和 $\gamma = -15°, -7.5°, 0°, 7.5°, 15°$）的车辆运动学模型被用来产生 RRT* 的新节点。图 5.20 所示为由 RRT*、OMWS-ET 和维诺图［Latombe，1991］算法得到的路径解。这里把维诺图法获得的路径（参见图 5.20（c））给出来，只因为它对采用的比较标准（安全标准）来说，是一种可对比的最佳参考路径。事实上，维诺图路径能够始终获得最安全的路径［Latombe，1991］。可以注意到，使用 RRT* 和 OMWS-ET 得到的两条路径足够接近，距离边界也足够远（参见图 5.20（a）、（b））。然而，获得的最终结果（参见图 5.20（c））仍然可以观察到重要的差异。事实上，采用 RRT* 获得的路点集合更接近边界，这是由于 RRT* 通过采用常数指令（v，γ，t_{exp}）扩展分支。这些常数指令生成下一个节点时只有一个可能的方向（对于每个节点）。与此相反，在 OMWS-ET 算法中，每个新得到的节点 q_j 可能具有不同的方向和速度。因此，对于相同的位置，在优化过程中考虑到更多可能的车辆状态（不同的方向和速度期望路径点）。

表 5.1 所示为比较得到的路径的不同性能标准。结果表明，基于 OMWS-ET 得到的路径比 RRT* 更接近维诺图法得到的最优解。这证实了本章提出的 OMWS-ET 比 RRT* 更有效，在这种意义上它能够探索车辆/环境/任务状态空间的更多可能。

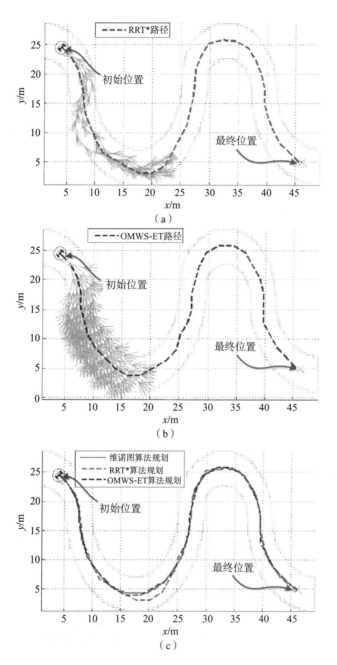

图 5.20　三条由维诺图、RRT* 和 OMWS-ET 得到的路径

（a）具有分支的 RRT*；（b）具有分支的 OMWS-ET；（c）对比维诺图路径

表 5.1　维诺图、RRT* 和 OMWS-ET 的比较

（length：路径长度；d_{border}：相对于最近障碍或道路边沿的最小距离）

	length/m	d_{border}/m
维诺图	86.00	69.293 1
RRT*	83.42	62.173 6
OMWS-ET	82.50	65.592 6

值得一提的是，OMWS-ET 方法与采用的导航策略相关（参见 5.1.2 节），该策略使用基于合适的静态/动态路点而不是轨迹跟踪方法的期望路径点。OMWS-ET 方法考虑了车辆的运动学约束和不确定性以及使用的控制律（参见 5.4.2 节），而 RRT* 方法更适合基于轨迹跟踪的导航策略。

5.4.4.2　意外障碍的局部重规划

当在环境中检测到意外的静态障碍物时，OMWS-ET 方法同样适用于该环境的局部重规划。通过 OMWS-ET 获得初始路点集合后，激活车辆运动重规划的架构如图 5.21 所示。车辆使用距离传感器来检测任何不可预见的障碍物（参见图 5.22（a））。当检测到障碍时局部重规划启动，重规划考虑当前的环境状态、当前车辆位姿和当前分配的路点，以获得新的局部路点集（参见图 5.22（b））。如果当前路点不可达（例如由于障碍物配置），则最终位置将被列表中的下一个路点替换，以此类推。如果没有可行路径，车辆将以当前位姿停下。

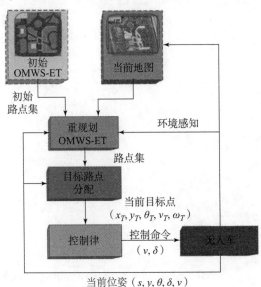

图 5.21　局部重规划流程

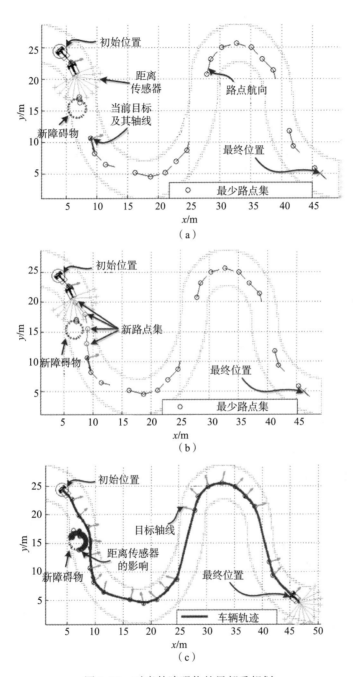

图 5.22   对意外障碍物的局部重规划

（a）检测意外障碍物；（b）局部重规划；（c）安全的车辆轨迹

图 5.22（b）所示为一个局部重规划的实例，使用了由图 5.19（b）得到的路点集合。最后，车辆按新的路点运动前进，同时保证安全（参见图 5.22（c））。

5.4.4.3　多车编队应用扩展

本书体现的最重要的思想是可以很容易地扩展到一个更复杂的系统（自下而上的方法），如多车导航控制（参见第 6 章）。基于扩展树（**算法 8**）的方法已经扩展到多车编队，其队形取决于领航车的状态［Consolini 等，2008］。如前所述，OMWS-ET 算法考虑了车辆模型。为了处理这个多车导航任务，需要充分调整参数项 $\Delta \bar{e}_{lij}$（参见式（5.18）），以考虑所有车的轨迹。图 5.23（b）所示为两辆车直线编队的最小路点集（$d_i = 6$ m，$\phi_i = 180°$，参见图 5.23（a））。常数值与上次仿真相同。领航车的路点集合接近道路边界，因为队形在保持刚性的同时需要足够的空间转向，跟随车（蓝色方块）一直处于道路边界内。

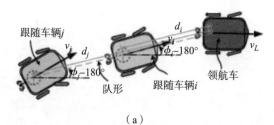

（a）

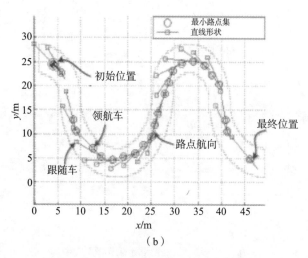

（b）

图 5.23　（a）多车编队（直线形状）；
（b）由 OMWS 扩展树（参见算法 8）得到的多车编队最小路点集

5.5　实验验证

本节通过几个实验证明 OMWS-ET 方法在结构化环境中能够获得可靠、安全和灵活的车辆导航。5.5.1 节将重点介绍 OMWS-ET 在规划方面的应用，5.5.2 节完整地介绍在包含阻断障碍物的城市环境中车辆编队导航控制实验。实验是在 PAVIN 平台（参见附录 A）中使用 VipaLab 车辆进行的。PAVIN［IP. Data. Sets，2015］的度量地图用于执行提出的 OMWS-ET 算法（参见算法 8）。该地图允许在真实情况下通过连续路点实现导航。OMWS-ET 算法使用最优配置计算地理参考路点集合。通过具有路口和环路的 PAVIN 平台时（图 5.25），一些区域仅限于使用算法 8。在这种情况下，这些受限区域由用户定义。

5.5.1　路点规划

OMWS-ET 算法用于以下两种情况之间的比较：第一种情况对应于给式（5.9）表示的安全标准更多的优先级，第二种是给予最小角度转向率约束更多优先级。对实验结果的分析将在下面给出。此外，采用不同的路点集时，车辆的实际轨迹会进行比较。这些实验的视频可以在线看到（http：//maccs. univ-bpclermont. fr/uploads/Profiles/VilcaJM/OMWS. mp4）。

图 5.24 和图 5.25 分别显示了获得的最小路点集和相应的车辆轨迹（仿真和实际实验）。图 5.24（a）所示为第一次实验的路点集，其中成本函数（参见式（5.9））的常数参数值为 $k_1 = 0.6$，$k_2 = 0.2$，$k_3 = 0.1$，$k_4 = 0.1$ 和 $k_h = 0.4$，实验中安全性系数 k_1 具有最高优先级，因此，路点引导着车辆靠近路线中间（参见图 5.25（a））；图 5.24（b）为第二次实验路点集，其中常数参数值为 $k_1 = 0.3$，$k_2 = 0.2$，$k_3 = 0.4$，$k_4 = 0.1$ 和 $k_h = 0.4$，实验中最小转向角速率 k_3 具有最高优先级，结果表明，所获得的路点位置非常接近道路边界（参见图 5.25（b））。

图 5.24（c）和图 5.25（c）所示为两次实验中路点集和真实轨迹的比较。图 5.26 所示为跟踪路点时车辆的速度和转向角。图中显示了由于编码器不准确引起的噪声值。图 5.25（a）和图 5.25（b）所示为车辆仿真和实际轨迹，可以看出非常接近（最大误差小于 0.15 m）。因此，可以得出结论：基于扩展树（OMWS-ET，参见 5.4.2 节）的多目标优化路点选择方法能够准确地处理实际环境，并能够通过实车测试验证。

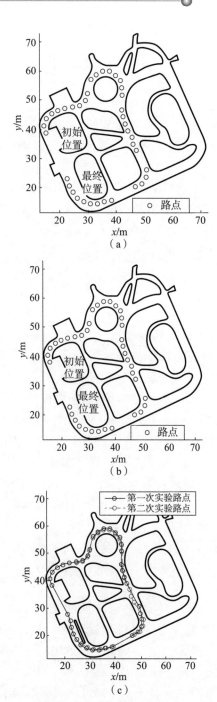

图 5.24　得到的不同路点集

（a）第一次实验：安全规划；（b）第二次实验：最小转向角；（c）实验比较

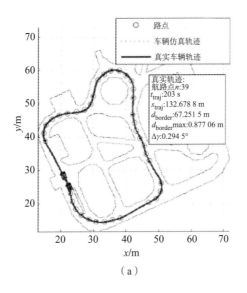

（a）

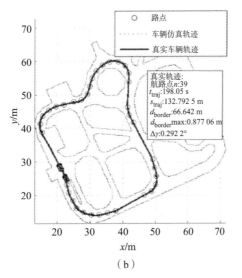

（b）

图 5.25　不同路点集的实际车辆轨迹

（a）第一次实验；（b）第二次实验

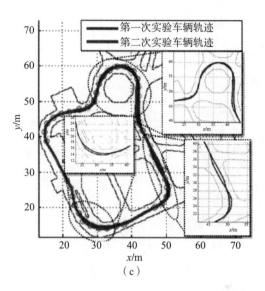

（c）

图 5.25　不同路点集的实际车辆轨迹（续）

（c）实际实验比较

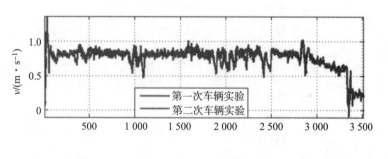

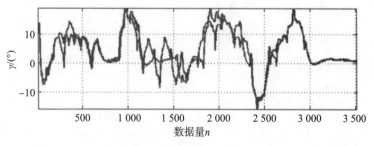

图 5.26　每组路点的车速和转向角变化

表 5.2 列出了用于比较路点集的不同性能标准，其中 n_w 是路点数量，T 是导航时间，l_{UGV} 是行驶的距离，d_{border} 是距离道路边界的最小距离和，$\Delta\gamma$ 是转向角速率的均方根（rms）。需要注意的是，第一次实验中的 n_w 比第二次实验要大，这是因为第一次实验将安全性作为第一优先级，因此算法 8 选择更多的路点使车辆尽可能地远离道路边界导航行驶。可以看到第一次实验中的 d_{border} 值要大于第二次实验。另外，由于第二次实验中转向角速率的优先级最高，所以 $\Delta\gamma$ 值更小。所以，车辆能够以更高的速度沿着轨迹导航，导航时间要小于第一次实验。

表 5.2　获得的路点集合之间的比较

		n_w	T/s	l_{UGV}/m	d_{border}/m	$\Delta\gamma/(°)$
第一次实验	仿真	41	200	132.81	67.35	0.312 3
	实测	41	203	132.68	67.25	0.294 5
第二次实验	仿真	39	199	133.00	66.54	0.308 9
	实测	39	198	132.79	66.64	0.292 2

5.5.2　安全可靠的多车导航

导航策略也通过两辆真实城市自主车辆进行了测试（参见图 5.27）。创建了展示不同情况的导航场景，如多车编队导航、静动态目标到达、障碍规避等。实验中，每辆车使用 RTK-GPS 和陀螺仪的组合以 0.1 s 的采样时间 T_s 预测自身当前位置和航向，车辆配备距离传感器如激光雷达，最大检测范围约为 10 m，这些传感器提供了车辆运动过程中足够准确的状态数据。实验中，车辆以 1.5 m/s 的最大速度移动，主要是由于使用的城市 PAVIN 平台较小。此外，车辆通过 WiFi 进行通信，能够广播领航车的位姿数据信息。

实验体现了在一条已经定义好的参考轨迹上使用基于算法 10（$\Delta\alpha_{max}=15°$）的路点选择算法的控制和目标分配策略的性能。领航车必须依次到达分配的静态路点，此外，提出的控制策略（参见 3.2.2 节）在另一辆车（跟随车）上实现，该车将第一辆车（领航车）作为动态目标，在领航车后以 5 m 的曲线距离跟随行驶。动态目标的跟踪允许我们将提出的控制策略应用于多车系统，其中动态定位点由领导车和期望的几何队形给出［Vilca 等，2014］。动态目标的构形状态信息由领航车通过 WiFi 发送给跟随车。实验视频可以在线找到：http：//maccs.univ-bpclermont.fr/uploads/Profiles/VilcaJM/Navigation.avi。此外，

图 5.27　（书后附彩插）实验图片

为了表现所提出导航策略的灵活性，路点间放了一个障碍物。正如5.1.1节提到的，提出的策略可以轻松地整合避障行为（参见图5.3）。因此，车辆可以在路点之间执行不同的操作，在这种情况下避障，而不需要使用任何轨迹重规划方法。使用的避障方法基于文献［Adouane等，2011］提出的极限环（参见2.3节）。一旦车辆检测到至少一个阻碍未来车辆朝向当前分配的目标路点行驶的障碍物，避障启动。

从图5.28（a）中可以看出，领航车准确地到达了连续分配的静态路点，跟随车也准确地跟踪上了动态目标（领航车）。此外，跟随车使用提出的控制策略得到的轨迹接近于领航车轨迹（参见图5.28（a））。图5.28（b）侧重于启动避障行为时的车辆轨迹。领航车检测到路点间的障碍，然后应用极限环避障控制方法［Adouane等，2011；Vilca等，2013a］，跟随车由于准确地跟踪领航车轨迹同样避开了障碍。可以注意到，提出的导航策略允许在路点间进行灵活平滑的运动和其他不同的行为表现，比如避障、紧急停车或者路点重分配。

图5.29所示为车辆的速度和转向角两个控制输出信息。这些真实值已经在实验时通过扩展卡尔曼滤波方法（Extended Kalman Filter，EKF）来减少传感器噪声。图5.30（a）和图5.30（b）显示了李雅普诺夫函数值，说明每辆车的控制是稳定的，并且收敛于为领航车分配的每个静态路点和跟随车的动态目标，因此获得了平滑、灵活和安全的车辆轨迹。

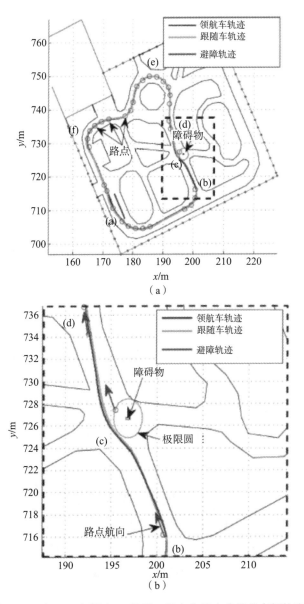

图 5.28　由 GPS 和算法 10 得到一组定位路点获得的车辆轨迹

（a）车辆轨迹；（b）避障部分放大图

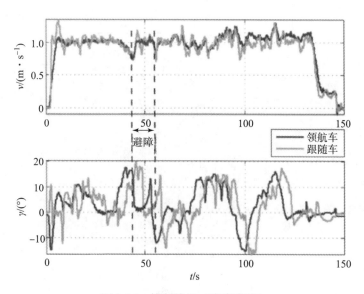

图 5.29　控制输出（实车实验）

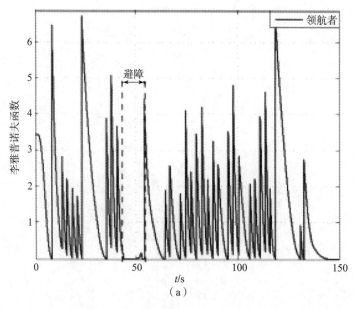

（a）

图 5.30　（a）基于静态路点到达的领航机器人的李雅普诺夫函数曲线

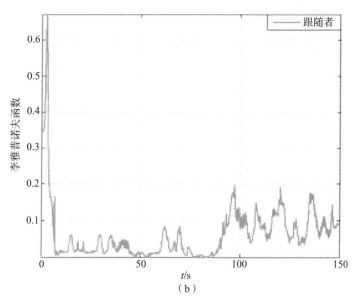

图 5.30　（b）基于动态路点跟踪的跟随机器人的李雅普诺夫函数曲线（续）

5.6　结论

本章介绍了自主车导航的整体方法（策略/规划/控制），该方法只使用适当地布置在行驶环境中的一组路点进行可靠灵活的城市环境导航。这种方法可以替代广泛使用的车辆导航策略，这些策略依赖于预先生成的参考轨迹来获得车辆的期望路径点。提出该方法的主要动机是需要进一步提高导航灵活性（处理不同的环境、任务和场景），同时保持高可靠性和安全性（参见5.1 节）。

的确，如本章所示，在环境中仅使用一组路点可以使车辆运动更加灵活，因为允许在路点之间执行更多的操作，而不需要重新调整任何参考轨迹，参考轨迹的计算过程可能非常复杂耗时，特别是在动态混杂环境中尤为突出。而基于路点集的方法还可以同时保持可靠和安全（不碰撞道路边缘或任何障碍）。

本章提出的导航策略基于连续静态目标到达，这些静态目标即选择好的最小目标路点集。目标之间的切换使用了与当前分配的路点相关的参考坐标系以及下一个要到达的参考坐标系（参见5.2 节）。5.3 节已经证明了当车辆到达当前目标附近时使用渐近稳定控制法（参见3.2.2 节）和最大误差边界定义（距离和方向，参见5.3.1 节）的方法的可靠性。此外，整体导航控制效果的平滑性在 5.3.2 节中进行了说明。

在导航策略的原理在控制可靠性和平滑度方面得到验证的前提下（参见 5.3 节），本章接下来重点阐述了在环境中获取最合适路点构形状态（数量、位姿、速度等）的不同方法，说明了几种获得这些合适路点集的方法，主要是基于扩展树（OMWS-ET）的多目标优化路点选择方法，使用多目标函数来优化所获得的路点集合。这种通用方法考虑了车辆的运动学模型和不确定性（环境/车辆模型），以获得次优路点集。

在不同的城市环境使用 VIPALAB 自主车进行的大量仿真（参见 5.3.3 节和 5.4.4 节）和实车实验（参见 5.5 节），证明了提出的基于离散路点集合的导航策略具有的高效性、可靠性和灵活性。

■ 第 6 章

多机器人系统协调控制

本章介绍多机器人控制系统。处理多机器人系统问题自然沿用了之前所述的多控制器架构，多控制器架构采用的自下而上的方法和其固有的特性使多机器人系统控制成为可能。该系统重点是多机器人动态导航及安全、可靠和灵活的协调控制策略。也将简单介绍一些其他的多机器人任务（如"协同操作和运输"和"不确定性条件下的探索"）。

6.1 引言（总体概念）

6.1.1 从单个机器人系统到多机器人系统

获得可靠和灵活的协作多机器人控制系统（MRS）始终是主要研究目标之一。最初是出于更好地控制复杂系统的目的，研究并提出了多控制器架构（基于自下而上的控制思想（参见 1.4 节）。

因此，基于前面章节所述的主要处理单个机器人控制系统的策略，本章直接利用该架构发展出一套方法来控制一个更复杂的系统。显然，能够处理MRS 系统的一些特定的控制机制将补充到控制策略中，所以接下来的研究将重点关注一个移动机器人在多机器人系统（MRS）的控制特点，这意味着除了其他控制目标，机器人单体的控制不会只取决于它自身的感知/控制目标，还应该考虑到部分或整体 MRS 系统的状态 ［Adouane，2010，第 1 章］。

控制 MRS 整体系统而不是只控制一个机器人，大大增加了控制系统的复杂性，这主要是由于以下几方面的因素导致的：首先各机器人之间相互作用的动态特性增强（如机器人之间会相互阻碍），同时控制变量和控制目标的数量增加，以及机器人群组之间的通信/观测/定位的不确定性等因素。在下面几节中将具体说明如何处理这些问题。

6.1.2　协作机器人技术（定义和目标）

协作机器人是指，至少存在两个相互作用的机器人共同执行任务。它不仅包含了单独控制每个机器人个体，还需要采用一种适当的控制策略，以便整合所有的个体形成一个统一高效的多机器人构形状态来实现目标任务。协作机器人技术成为一个非常活跃的研究领域，目前与许多关键应用领域相关，具有重要的研究意义。通常使用一群机器人而不是一个机器人，是以下面两种应用情形为动机的：一是单个机器人不能执行目标任务（如移动太重或太大的对象）；二是为了改善某些与快速性、鲁棒性和灵活性相关的任务指标（冗余的传感器和执行器明显提高了系统容错性）[Adouane，2005]。后一种情况下，机器人整合它们的能力和知识，提高任务的完成质量。

正如 1.1 节和 1.2 节所强调的那样，目前开展的几个项目和重大挑战与协同导航有关，它们显然不是科学界在协作机器人领域感兴趣的唯一任务。图6.1 给出了一些机器人领域学者关注的各种协作机器人项目/任务的实例。使用 MRS 任务的其他一些例子可以在以下文献中找到：与协作搜索/探索相关的文献包括 [Kruppa 等，2000；Lozenguez，2012]；协作完成运输很重或很大的物体的文献包括 [Alami 等，1998；Hichri 等，2014a]；遍历未知地区的文献

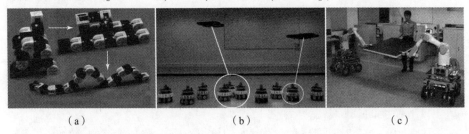

（a）　　　　　　　　　　（b）　　　　　　　　　　（c）

图 6.1　不同的协作机器人项目/任务。（a）M-TRAN 项目 [Murata 和 Kurokawa，2012]对应于模块化机器人，可以自主重构自己形成不同的二维或三维结构；（b）Swarmanoid项目：一群地面和空中机器人合作来实现复杂的任务 [Mathews 等，2015]；（c）一个处理多个移动机器人与人合作问题的例子 [Hirata 等，2007]

（a）模块化机器人和自装配任务；（b）集群机器人和异构机器人协作；
（c）机器人之间、机器人与人的协作

包括［Dasgupta 等，2011；Franco 等，2015］等。所有这些协作任务都可以找到在不同领域的应用需求，如工业、服务业、军事、农业等。

在文献中，存在几种 MRS 控制架构，对它们的准确分类，需要了解所使用策略的细微差别：集中式与分散式（参见 1.3.3 节）；反应式与认知式（参见 1.3.2 节）。另外，如果再引入传感器/通信的种类、MRS 的异构性（例如，所使用的控制策略或机器人的物理结构方面），等等，那么可以想见，对 MRS 控制架构的详尽分类将是一项烦琐复杂的工作［Cao 等，1997；Adouane，2005，第 1~3 章］。在本书 MRS 领域的不同研究工作中，即使对控制架构的若干细微差别进行了说明［Mouad 等，2011b；Lozenguez 等，2013b；Hichri 等，2014a；Vilca 等，2014；Benzerrouk 等，2014］，研究工作中也更加倾向于分散的机器人协调控制和对不可预测的事件的局部反应控制（即没有全局路径规划，参见 4.3 节）。控制目标是给予被控 MRS 最大的灵活性和自主性。需要强调的是，在本章中以多机器人编队导航作为主要的协作目标任务，但其他所提到的多机器人任务也将会在以下章节中简要介绍。

6.2　现有多机器人系统（MRS）控制任务概述

除了编队导航任务之外，还研究了其他两个协作任务，这些协作任务使用多个移动机器人并协调其运动，以便更优地完成目标任务。以下对每项工作总结说明。

6.2.1　协同操作与协同运输

这项工作的目的是以最简单的方式设计和控制协作机器人实体，共同操纵和共同运输任何特征（形状/质量）的物体［Adouane 和 Le Fort-Piat，2004；Hichri 等，2014a］。目标协同任务，也称为"搬运工任务"［Hirata 等，2002］，可以灵活地调整机器人的数量及其在物体周围的配置。目的是将目标物体在环境中从初始构形状态移动到最终构形状态，这里构形状态一般包括位置、航向姿态等状态信息。文献［Hichri 等，2014b；Hichri 等，2014c］提出了机器人共同操作的初始过程，采用一个特定的策略，利用多个机器人的相互推力来产生举升力，提升重物并将其放置在多机器人系统（MRS）的顶部（参见图 6.2（a））。在这项工作中处理的主要挑战性问题之一是找到物体周围机器人的最佳构形状态（参见图 6.2（c）），以实现协同操作和共同运输，同时最大限度保证任务过程中的稳定性［Hichri 等，2014a］。这项工作的稳定性要求满足抓取力锁紧控制标准（FCG，Force Closure Grasping[①]），以确保协同操作阶段重物的稳定性，同时满足静态稳定性标准（SSM[②]），以保证共运输阶段的目标重物的稳定性（参见图6.2（c））。

（a）从左到右：展示了机器人举升各种目标载荷（不同形状/质量）的顺序策略

（b）　　　　　　　　　　　　　　　　（c）

图6.2　各种目标载荷（不同形状/质量）的协同操作和运输。图（a）和（b）是对应用该开发的定位和提升控制策略的载荷举升搬运过程进行的多体动力学仿真（使用ADAMS仿真软件）。（c）使用Khepera移动机器人和所设计的末端执行器的第一个原型

　　应用几种基本的导航功能来处理这个协作任务。其中包括基于极限循环（参见2.3节）的"避障"控制器，用于以下两个方面：首先，当每个基本机器人要到达其目标重物周围的指定位置时（机器人需要避开其他机器人或任何其他障碍到达指定位置）；其次，整个多机器人系统（带载的运输机器人）处于导航运输阶段时，必须避让所有障碍。这种多机器人运输导航也带来了与多机器人编队导航相关的问题，多机器人系统也可以看成一个整体机器人，并具有由构成的几个机器人的车轮引起的若干约束［Hichri 等，2014a；Hichri 等，2015］。有关多机器人协作系统的研究工作正在进行，以提高分布式协作控制效果。

---

①　FCG 问题被广泛研究用于物体操作，主要用于多指机器人手［Yoshikawa，2010］。因此，该问题适用于移动机器人协同操作和运输。

②　SSM 针对步行移动机器人进行了广泛的研究［Wang，2011］，因此该标准也适用于本研究工作。

6.2.2　不确定性条件下的道路搜索

这些研究涉及在不同种类环境（开放、混乱或城区）的分布式协作探索，同时考虑了环境信息/感知的不确定性［Lozenguez 等，2012b］。多个机器人必须以分散的方式进行单个机器人搜索，同时相互协作，以便尽可能地探索遍历环境，同时最大限度地减少整个机器人系统的总位移（参见图6.3（a））。作为这一过程的第一步，提出了一种多控制器架构，该架构基于环境的拓扑结构来生成低密度地图［Lozenguez 等，2012a］，目的是仅使用最相关的环境信息来减少多机器人规划算法的计算量。需要特别强调的是，多机器人探索任务已经被建模为在环境中访问的一组特定路点（位置），使用类似于随机旅行商问题的优化过程［Kenyon 和 Morton，2003］。

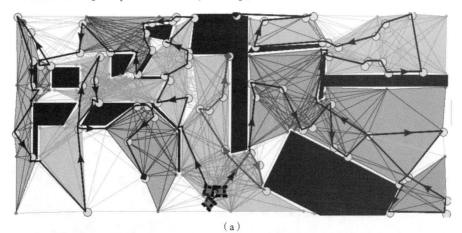

（a）

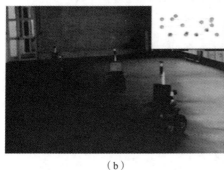　

（b）　　　　　　　　　　　　　　（c）

图6.3　使用一组先锋机器人在 PAVIN 平台

（参见附录 A）中进行协同导航［Lozenguez，2012］

（a）使用适当的航路点定义和分布式路径搜索策略时，3 个移动机器人的任务分配；

（b）自由区域；（c）城市地区

需要指出的是，马尔可夫决策过程（MDP，Markov Decision Processes[①]）已被用于这些系统中，用于决策和多机器人协作控制，更具体地说，目标导向马尔可夫决策过程（GO-MDP，Goal Oriented MDP）已被提出来控制这样一个复杂系统的协同搜索［Lozenguez 等，2011b；Lozenguez 等，2013a］。提出的解决方案包括解耦的多目标 MDP 以克服需考虑的目标数量限制［Lozenguez 等，2011a］。最后，基于单个机器人评价提出了连续同步的多轮竞拍机制，以加快目标/路点分配［Lozenguez 等，2013b］。多次仿真测试和实车实验验证了真实情况下不同方法的多机器人系统路径搜索功能（参见图 6.3）。

6.3　动态多机器人编队导航

以下部分将着重介绍动态多机器人编队导航（参见图 6.4），以及为保证安全、可靠和灵活的导航所采用的控制策略。在这一具有挑战性的多机器人任务导航过程中，机器人必须保持相对于彼此状态或其他参考目标（动态目标或轨迹）所需的构形状态（位置和方向）。下面首先介绍现有的处理这种 MRS 系统的方法和策略。

图6.4　城市环境中，一队 UGV 的自主编队导航示例（克莱蒙费朗，法国）。MobiVIP 项目（Predit 3）

---

① MDP［Bellman，1957］提供了一种数学框架，用于在输出结果表现为部分随机且部分受决策者控制的情况下对决策过程进行建模。

6.3.1　现有控制策略概况

编队导航是一系列 MRS 主要任务中最具挑战性的任务之一。事实上，许多任务需要一个移动的多机器人系统，它必须保持一种期望的队形模式，例如在自主的智能交通［Levinson 和 Thrun，2010］、太空探索［Huntsberger 等，2003］、军事任务［Murray，2007］、农业［Cariou 等，2010］、监控［Stoeter 等，2002］或救援行动中［Bahr，2009］。

文献主要强调三种处理编队导航的方法：虚拟结构算法（VS，Virtual Structure）［Mastellone 等，2007；Desai 等，2001］、基于行为的算法（Behavior-based）［Balch 和 Arkin，1999；Tang 等，2006］和领航 - 跟随算法（LF，Leader-follower，在一些参考文献中也称为分层方法）［Mastellone 等，2008；Ghommam 等，2010］。

虚拟结构算法将编队视为单个虚拟体。后者的形状是目标队形，其运动将转化为每个机器人所需运动［Do，2007；Li 等，2005］。虚拟结构通过势场法在多个研究工作中实现［Ogren 等，2002；Mastellone 等，2007］，因此编队中的所有成员都跟踪各自分配的节点，这些节点都规划了期望的构形状态，节点对相应的机器人施加了引力场，而对障碍物和其他相邻机器人则施加斥力场。与运动规划不同，应用于虚拟结构方法的势场函数仅使用瞬时的机器人局部环境感知信息。使用这种虚拟结构方法势场函数的缺点是在动态环境中控制编队队形的复杂性增加。实际上，这意味着机器人受到频繁变化的数量/幅度的势场力的影响，会导致更多的局部极小值，甚至振荡等。因此，在这种情况下，很难保证 MRS 导航的鲁棒性和稳定性。

基于行为的算法意味着每个机器人都有一套要实现的行为模式（基本任务），由此产生的群体行为来自基本个体的本地交互，而没有任何明确的整体合作行为模型。然而，这种方法也被指会受每个机器人的控制方式影响。事实上，根据环境感知信息，控制系统在行为模式之间切换（例如，竞争方法［Brooks，1986］）或合成若干控制器（例如，运动模式［Arkin，1989b］）。这自然就难以考察整体控制策略的稳定性。在一个基于行为的分布式控制方法中［Antonelli 等，2010；Balch 和 Arkin，1999］，机器人之间没有层次结构，每个机器人个体都有自己单独的感知和控制系统［Parker，1996］。

在**领航 - 跟随算法**（第三种方法）中，一个或多个机器人被认为是领航者，而其他机器人是跟随者，通常领航机器人跟踪预定义的轨迹/路点，而跟随机器人则追踪其变换后的坐标［Léchevin 等，2006；Gustavi 和 Hu，2008］。一些文献中利用图论来描述内部机器人之间的构形状态/通信［Chen 和 Li，

155

2006；Das 等，2002；Mesbahi 和 Hadaegh，1999；Shames 等，2011］。文献［Mesbahi 和 Hadaegh，1999］介绍了几种编队情形（包括重配领航者、增加跟随者和饱和控制），提出了基于线性矩阵不等式和逻辑切换组合的编队控制方法。在文献［Klancar 等，2011］中，跟随机器人使用队列控制和局部感知信息（相机或激光雷达）来跟踪领航机器人轨迹。文献［Chen 和 Li，2006；Das 等，2002；Shames 等，2011］则描述了动态编队的情况，即编队队形变化（例如，从正方形到三角形），同时还能避障。在文献［Chen 和 Li，2006］中，领航机器人在动态环境中生成无碰撞轨迹，轨迹跟踪算法基于人工神经网络、李雅普诺夫函数和机器人动力学模型的编队控制方法，动态编队和拓扑结构（邻接矩阵）的稳定性也得到证明。在文献［Das 等，2002］中，利用不同队形（从三角形到直线）之间的切换来避开在环境中遇到的障碍物，编队控制方法基于线性化输入－输出反馈和嵌入在每个机器人中用于定位和导航的视觉传感器（全向摄像机）。领随－跟随算法执行起来相对简单，然而需要强调的是，如果没有预定的机制来重新指派编队的另一个领航者，领航者的失误可以使整个系统瘫痪。

基于以上研究成果，可利用上述方法的组合来提高 MRS 的整体灵活性和可靠性。所用的两个主要控制架构都是基于多控制器架构（即基于行为的算法）（参见 1.4 节），再加上以下两个算法之一：虚拟结构算法（VS）［Benzerrouk 等，2010b；Benzerrouk 等，2014］，或者领航－跟随（LF）算法［Vilca 等，2014；Vilca 等，2015a］。

在下文中，除了介绍基于 VS 和 LF 的策略方法外，还着重回答了所用控制策略中涉及的以下问题：

- MRS 如何确保编队的稳定性（达到并保持）？
- 机器人如何确定它们在编队中的位置？
- 如果有障碍物（静态/动态/其他机器人），机器人如何处理？
- MRS 如何动态流畅地改变其编队以适应动态环境和目标队形构形状态变化？

6.3.2 稳定可靠的多控制器架构

本节介绍了多控制架构（参见图 6.5），以获得安全平稳的机器人编队导航。相同的总体控制结构已被嵌入在每个机器人中，用于基于 VS 或 LF 的两种算法。因此，还使用类型 2 的基本结构（参见图 2.7（b）），其中特别添加了用于确定多机器人系统期望目标构形参数的"编队参数"模块。下面简要介绍构成此架构的组成模块，同时着重介绍新添加的模块/功能。

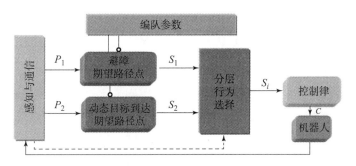

图 6.5　嵌入编队内所有单体机器人内部的多控制器架构

1. "感知与通信" 模块

如之前的章节所述，特别是在 2.5.2 节中，该模块负责所有的本地和/或全局机器人感知。此外，在明确若干单体机器人必须协同动作的前提下，保证机器人单体之间和机器人与通信基础设备之间进行可靠且低延迟的通信是十分重要的（参见 1.2 节）。

2. "分层行为选择" 模块

根据编队参数和环境感知信息，来管理在 "避障" 和 "动态目标到达" 两个基本控制器模块之间的切换。一旦检测到至少一个可能阻碍机器人向其动态目标移动的障碍物，就会激活 "避障" 控制器，使我们能够预测 "避障" 控制器的激活［Adouane，2009b］，并减少到达预定静态或动态目标的时间。

3. "期望路径点" 模块

关于 "期望路径点" 模块，已在 2.4 节中进行了介绍。实际上，它们总是根据合适的目标位姿(x_T, y_T, θ_T)和线速度v_T来定义。

（1）**"避障-期望路径点" 模块**：该模块已在 2.5.4.1 节中详细介绍，使每个基本机器人作出反应以安全可靠的方式避开任何障碍物，并应用了极限循环算法（参见 2.3 节）。

（2）**"动态目标到达-期望路径点" 模块**：这些期望路径点（参见 2.4.2 节）根据预设的编队队形（如三角形、直线等）和使用的算法（VS 或 LF）来定义。应用 VS 或 LF 算法时，所有机器人（LF 中的领航机器人除外）必须跟踪分配到的动态目标（根据期望的编队队形）。

在所引文献的方案（参见 6.3.1 节）中，已经对这些编队导航问题提出了一些有价值的解决方案，但它们主要是基于预定的轨迹来引导编队进而控制 MRS（多机器人系统）的。而本章方案使用的策略能够获得更具反应特性的控制架构（参见 1.3.2 节），每个机器人跟踪其分配的虚拟目标的瞬时状态（位姿和速度），因此，没有根据预设的参考轨迹或附加一个全局轨迹规划过程。

根据使用 VS 或 LF 算法的不同，在机器人期望路径点定义方面会存在一些差异。在 VS 算法中，编队的动力学特征被简化为一个全局参考坐标系下的刚体（参见 6.3.3 节），这是由一个中心控制单元根据目标编队的形状和编队的动力学特性而强加的，之后机器人必须实时地以反应式导航方式跟踪分配到的目标；相比之下，在 LF 算法中，跟随机器人的动力学特性完全根据领航机器人实际的动力学特性来确定。因此，期望路径点也是根据领航机器人移动参考坐标系确定的（参见 6.3.4 节）。

6.3.3 节和 6.3.4 节将先分别介绍采用 VS 或 LF 算法的编队队形建模，将专注于研究确保机器人目标期望路径点始终可达的算法，以保障整体 MRS 系统编队导航的可靠性。

4. "控制律" 模块

根据机器人使用的结构（独轮车或三轮车），3.2.1.2 节和 3.2.2 节分别给出的稳定和通用目标追踪控制律将用于两个控制器（"避障"和"动态目标追踪"）。

6.3.3　用虚拟结构方法进行编队导航

6.3.3.1　建模

该策略已用于一组具有 N 个 Khepera 机器人（独轮移动机器人结构，见附录 A）的导航。一组虚拟目标（点）形成形状与所需队形相同的虚拟结构，此虚拟结构是在文献［Benzerrouk 等，2014］中定义的，遵循以下步骤：

①定义一个称之为主动态目标的目标点（见图 6.6）。

②通过使用 $N_T \geqslant N$ 个节点（虚拟目标）来定义虚拟结构，以获取所需的几何图形。每个节点 i 被称为辅助目标，并由相对于主要动态目标特定的距离 D_i 和角度 ϕ_i 来定义。以这种方式定义的辅助目标具有与主目标相同的方向 θ_T。然而，每个目标 i 将有它自己的线性速度 v_{Ti}（参见图 6.7）。

图 6.6 给出了一个三角形队形的示例。很明显，为了有一个完整的分布式控制，主要动态目标可由其中一个机器人产生，这种情况对应领航 – 跟随算法（参见 6.3.4 节）。

6.3.3.2　基于动力学约束设定点的稳定 VS 编队

一旦为组成编队的每个机器人分配一个动态目标，只要没有阻碍的障碍物，这些机器人必须跟踪其目标。该方案证明了多控制器架构的整体稳定性（参见 3.3 节）。然而，考虑机器人运动学约束，只有当生成的期望路径点可达可实现时，这种理论方法才能收敛。

为确保"避障"控制器的期望路径点可达，文献 ［Benzerrouk 等，2013］提出对机器人期望路径点增加机器人不完整性、最大速度和障碍几何尺寸等约束，从而将新参数引入期望路径点计算式中，以防止机器人碰撞，经过优化分析的参数对应 μ（确定 PELC 形状（参见图 2.5（a）））。

对于"动态目标到达期望路径点"模块，必须考虑主要目标动力学的整体约束（见图 6.6）（由 v_T 和 $\dot{\theta}_T$ 定义）。这些约束考虑了机器人的约束和期望编队形状，需要指出的是，为确保可靠的编队导航，必须针对每个基本机器人验证这些约束。

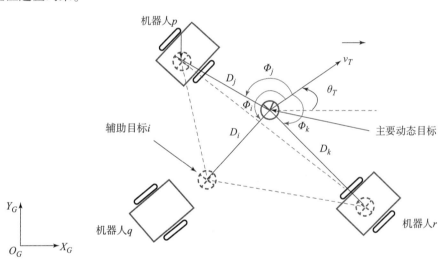

图 6.6 根据全局参考坐标系定义期望路径点以维持三角形编队（虚拟结构方法）

1. 线性速度约束

如 3.2.1.2 节所述，为保证控制方法的稳定性，目标 v_{Ti} 跟踪的速度必须总是满足不等式（6.1），即

$$v_{Ti} \leqslant v_i \tag{6.1}$$

式中，v_i 对应于机器人 i 的线性速度控制（参见式（3.6a）），这里考虑了机器人最大线性速度 $v_{\max}$。然而，显然辅助目标的线性速度取决于它们相对虚拟结构中的位置（参见图 6.7）。该图根据其在虚拟结构中的相对位置显示了目标的不同轨迹。

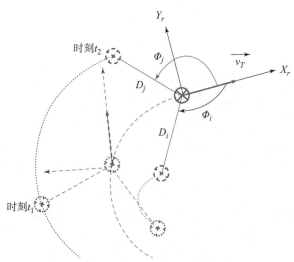

图 6.7　用虚拟目标轨迹来保持虚拟结构形状
（虚曲线代表目标的运动轨迹，虚直线表示前一时刻的虚拟结构）

辅助目标相对于主要动态目标的距离 D_i 和角度 Φ_i 的选择会影响 v_{Ti}。每一个辅助目标 i 坐标 (x_{Ti}, y_{Ti}) 可表示为

$$\begin{cases} x_{Ti} = x_T + D_i\cos(\Phi_i + \theta_T) \\ y_{Ti} = yT + D_i\sin(\Phi_i + \theta_T) \end{cases} \tag{6.2}$$

然后上式的导数是（仅考虑刚性虚拟结构）：

$$\begin{cases} \dot{x}_{Ti} = \dot{x}_T - D_i\dot{\theta}_T\sin(\Phi_i + \theta_T) \\ \dot{y}_{Ti} = \dot{y}_T + D_i\dot{\theta}_T\cos(\Phi_i + \theta_T) \end{cases} \tag{6.3}$$

经过几次推导之后（［Benzerrouk 等，2014］），最后得到每个辅助目标的相对距离必须满足以下条件：

$$D_i \leqslant \frac{v_{\max} - |v_T|}{|\dot{\theta}_T|} \tag{6.4}$$

注意根据下一段的推导，$|\dot{\theta}_T|$ 是有界的。

2. 角速度约束

这里的重点是在机器人的最大角速度（$\omega_{\max}$），这样的角度设定点 $\dot{\theta}_T$ 的变化仍然是可达到的。实际上，应用于机器人的角速度必须满足

$$\omega_i \leqslant \omega_{\max} \tag{6.5}$$

其中，最大角速度 $\omega_{\max} > 0$。经过几次推导（［Benzerrouk 等，2014］），最后得到

这些目标允许的最大角速度为

$$|\dot{\theta}_T| \leqslant \omega_{\max} - k\pi \tag{6.6}$$

式中，k 为定义在机器人角度控制算法中的常数（参见式（3.6b））。为了保持可达到的状态，虚拟结构必须遵循两个动态阶段［Benzerrouk 等，2014］：

（1）过渡阶段，机器人尚未到达编队（指定的目标）。在此阶段，$\dot{\theta}_T$ 被约束 $\dot{\theta}_T = 0$。

（2）一旦达到编队指定目标状态，虚拟结构可以根据方程（6.6）而变化。

3. 仿真验证

本仿真测试显示了根据机器人运动学约束限制虚拟结构角速度 $\dot{\theta}_T$ 的重要性。仿真中，测试了一个移动机器人到达一个设定的虚拟目标。机器人最大角速度设置为 $\omega_{\max} = 3$ rad/s，选择 $k = 0.6$ s^{-1}。根据式（6.6），也为了简化数字符号，记 $P = \omega_{\max} - k\pi$。根据 $\omega_{\max}$ 和 k 的值，可得 $P = 1.1$。

首先，说明在过渡阶段 $\dot{\theta}_T$ 必须设置为 0 的重要性。从图 6.8（b）中可以看出，在仿真开始阶段 $\dot{\theta}_T$ 增大（从 0.1 s 开始），目标轨迹曲线立即出现一个显著的起伏曲线（参见图 6.8（a）），同时在机器人轨迹中观察到了振荡。只有当这条轨迹保持为直线时（$\dot{\theta}_T = 0$），机器人才能正确到达目标，图 6.8（b）证实了这一结果。自然地，如图 6.8（c）所示，机器人 – 目标距离 d_{S_i} 也是振荡的，李雅普诺夫函数值也是振荡的（参见图 6.8（d））。

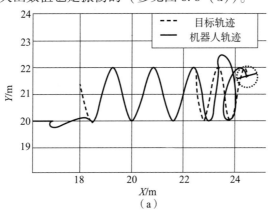

图 6.8　如果过渡阶段不是加强的，机器人轨迹的不良振动

（a）机器人轨迹

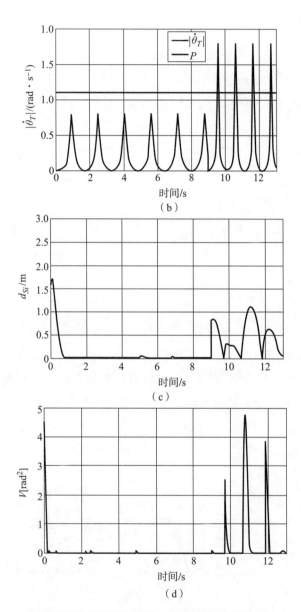

图6.8　如果过渡阶段不是加强的，机器人轨迹的不良振动（续）

（b）目标的动态变化（$\dot{\theta}_T$）；（c）距离 d_{Si} 的变化；

（d）李雅普诺夫函数 V 的变化

图 6.9 表明了过渡阶段后满足式（6.6）的重要性。一旦目标达到（$\dot{\theta}_T =$ 0 直到 0.5 s 时刻），也满足式（6.6）的条件，可以看出机器人奔向目标，即使它增加，P 的变化仍满足 $\dot{\theta}_T < P$（参见图 6.9（b））。在这个时间间隔内，机器人正确地跟踪它的目标（见图 6.9（a））。它们之间的间隔距离 $d_{Si} = 0$，如图 6.9（c）所示。同时，李雅普诺夫函数也会减小，而后保持等于 0（参见图 6.9（d））。9.5 s 后，移除式（6.6）约束，使 $\dot{\theta}_T$ 满足 $\dot{\theta}_T > P$，可以看出，机器人无法追踪目标，距离 d_{Si} 和 V 振荡证实了这一点（参见图 6.9（c）和（d））。

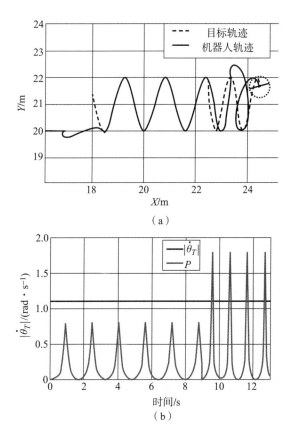

（a）

（b）

图 6.9　动态目标约束得不到正确验证时机器人轨迹发生振荡

（a）机器人轨迹；（b）目标的动态变化（$\dot{\theta}_T$）

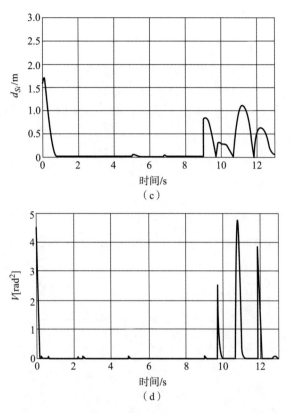

图 6.9 动态目标约束得不到正确验证时机器人轨迹发生振荡（续）

（c）距离 d_{Si} 的变化；（d）李雅普诺夫函数 V 的变化

6.3.3.3 安全与合作性机器人交互

下面介绍两个与机器人之间动态合作/协作相关的问题。提出的策略不仅适用于独轮机器人，而且适用于任何移动结构。

1. 动态目标分配

每个移动机器人应该遵循一个构成编队几何形状的辅助目标。优化机器人目标之间的分配以迅速形成目标编队形状是一个很有意义的问题［Ze-su 等，2012］。对每个机器人 i 而言，可用信息是其构形状态 (x_i, y_i, θ_i)，主要的虚拟目标 (x_T, y_T, θ_T) 和 D_j，$\Phi_j|_{j=1,2,\cdots,N_T}$（参见图 6.6）。

一个简单的想法是每个机器人选择最接近的目标来跟踪。然而，当许多机器人选择相同的目标时，可能会产生冲突，为了避免这种冲突，在文献［Benzerrouk 等，2010b］中采用了编队机器人成员等级制度，所期望的目标将分配给更高等级的机器人。但是，此等级制度不能使编队整体时间最优。接下来，介绍每个机器人如何计算每个目标的系数来描述它对这一目标的兴趣，在每个时间间隔 ΔT，计算与其他目标相比这个目标是接近还是远离机器人，它称为相对成本系数（RCC，Relative Cost Coefficient），并记为 δ，比较相同目标的 RCC 允许每个机器人决定是否跟踪这个目标或放弃而转向另一个。因此，如果这个目标被另一个跟踪其他目标有困难的机器人追踪，它便放弃了这个机器人（一种形式的利他主义，团队利益高于个人利益）。这也开展了一些改进研究，机器人在完成任务时模仿一些人类行为，例如，不耐烦和默许 [Parker, 1998]、竞拍方法 [Gerkey 和 Mataric', 2002] 在机器人上再现以用来选择它们的任务。这些拍卖方法可以分为两种不同的策略：组合方法处理所有可能的组合，为 MRS 提供最优分配方案 [Berhault 等，2003]；每隔一段时间重复并行拍卖，检查每个机器人是否有合适的任务 [Lozenguez 等，2013b]。本节提出的 RCC 算法以简单有效的方式实现机器人之间的协商，机器人获胜或失去目标通过计算和比较它们自己对于这些目标的 RCC，机器人之间只需要极少的沟通。

机器人 i 相对于目标 j 的 RCC（相对成本系数）记作 δ_{ij}，其计算如下：

$$\delta_{ij} = \frac{d_{S_{ij}}}{\sum_{k=1}^{N_T} d_{S_{ik}}} = \frac{d_{S_{ij}}}{d_{S_{ij}} + \sum_{k=1, k \neq j}^{N_T} d_{S_{ik}}} \quad (6.7)$$

式中，$d_{S_{ij}}$ 为机器人 i 和目标 j 之间的距离；对于一个机器人 i，其对所有目标的相对成本系数都被放在一个向量 Δ_i 中，很明显，$0 \leqslant \delta_{ij} \leqslant 1$（参见方程（6.7））。

此外，δ_{ij} 接近 0。

$$d_{S_{ij}} \ll \sum_{k=1, k \neq j}^{N_T} d_{S_{ik}} \quad (6.8)$$

因此，每一个机器人更喜欢具有最小的 RCC 的目标，因为它是最接近的目标。同时也会注意到，通过简单地比较到不同目标的距离并直接选择最接近的目标，可以获得相同的结果。然而，RCC 的主要目的是与其他机器人协商所需的目标，因此如果两个机器人 i 和 k 要求相同的目标 j（针对这个目标产生了冲突），距离 $d_{S_{ij}}$ 和 $d_{S_{kj}}$ 不足以确定哪一个机器人应该得到该目标，从而能使编队整体时间最快。因此，为了协调它们的目标选择，机器人根据以下命题行动 [Benzerrouk 等，2012a]：

命题　如果许多机器人在一个目标产生冲突，那么这个目标应该分配给与该目标最小 RCC 的机器人。

事实上，根据等式（6.8），这个命题的策略是比较机器人的情况，根据现有的目标和机器人，放弃相对其他目标最远的目标。建议的分布式策略算法11给出了目标的动态分配。

算法11：分布式目标算法分配

输入：向量 Δ_i，$i = 1, 2, \cdots, N$

输出：要跟踪的虚拟目标选择结果

1：**While**（虚拟目标没有选择好）**do**

2：　　选择具有最小 RCC $\Delta_i(j)$ 的虚拟目标 j；

3：　　**if** $\Delta_i(j) < \Delta_k(j)$，$\forall k \neq i, k = 1, 2, \cdots, N$ **then**

4：　　　　转到第11行；

5：　　**else**

6：　　　　选择另一个虚拟目标 l：$\Delta_i(j) < \Delta_i(l) < \Delta_i(m)$，$\forall m \neq j$；

7：　　　　$j = l$；

8：　　　　转到第3行；

9：　　**end if**；

10：**end while**；

11：奔向选择的虚拟目标；

提出的算法分布运动在编队中所有的机器人上，要求每个机器人 i 只把它的向量 Δ_i 传递给其他机器人。还提出了一个向量 Δ_i，包括指示机器人标识符的下标 i。机器人的标识符是随机选择的，并不代表目标分配的任何等级。

根据该算法，每个机器人都能推断出所需目标将是自己可用的，或者该目标会被另一个拥有更小 RCC 的机器人占有，然后以分布式方式进行目标的协商和分配。关于 RCC 的更多细节在文献［Benzerrouk，2010，第2章］中进行了详细说明，在6.3.3.4节中给出了一个利用 RCC 的实车实验。

2. 面向零风险碰撞

考虑到移动机器人安全功能的重要性（如避障）（参见2.2节），主要是系统通过多次交互和重新配置将变得更加动态（参见6.3.4.3节），必须更加关注安全功能。在文献综述期间，发现在这一领域已经开展几项工作，其中最重要的成果总结如下。

在相关工作中，倾向于使用尽可能少的感知/通信/协商来保证安全机制（反应性特征）。除了使用极限环的静态避障外（参见2.3节），根据需规避的障碍物性质强调两个增强功能［Benzerrouk 等，2013］：

①一般动态障碍。

②同一 MRS 的机器人，假设每个机器人能够识别具有相同避障性能的其他机器人，即 MRS 中的同构机器人。

分别说明如下：

1）一般动态障碍规避

基于 PELC 的完全反应式避障能够根据机器人的构形状态选择最佳避让方向（顺时针或逆时针）（参见 2.5.4.1 节）。然而，相应的决策并没有考虑到规避障碍物的动态特性，而只考虑到机器人相对该障碍的位置（参见图 2.11）。首先，让我们简要回忆如何获得反应式避障的方向。式（2.3）中 r 的值规定了避障方向，使用了下面的简单规则：

$$r = \begin{cases} 1 & y_{RO} \geq 0 (顺时针避障) \\ -1 & y_{RO} < 0 (逆时针避障) \end{cases} \tag{6.9}$$

即使这个简单的规则能获得有价值的结果，因为在每个采样时间都将更新顺时针方向避障与否的决策结果，因此可以躲避动态障碍。然而，为了加强规避动态障碍物，文献［Benzerrouk 等，2012b］在不失去控制反应性的前提下，将此方法扩展到动态障碍物。这一方法是在考虑到障碍物速度矢量的情况下利用 PELC 找到最佳避障方向。当检测到障碍物位置的运动时，它被机器人当作一个动态障碍。机器人的目标总是选择最合适的避障方向（顺时针或逆时针），以减少机器人到达其指定目标的路径。然而，对于动态障碍，纵坐标 y_{RO} 不能始终用作有效信息来决定避障方向，在图 6.10（a）中，可以注意到，如果机器人决定顺时针运动（基于其相对正的纵坐标 $y_{RO} \geq 0$），它无法避免这个障碍，事实上机器人将奔向障碍物的同一方向（图上向量 v_O），并且可能一直会在这个方向前进从而背离其目标。

本节提出机器人使用障碍物的矢量速度 v_O，而不是判断 y_{RO} 的符号。方法是在 Y_{OT} 轴上投影速度 v_O 向量，然后根据 v_{Oy} 定义函数 r 如下：

$$r = \begin{cases} 1 & v_{Oy} < 0 (顺时针避障) \\ -1 & v_{Oy} > 0 (逆时针避障) \end{cases} \tag{6.10}$$

利用障碍物的速度在纵轴上的投影 v_{Oy}，总是循环返回以躲避障碍物，这样的机器人会一直没有越过障碍的轨迹［Benzerrouk 等，2012b］。

2）同一 MRS 内机器人之间的障碍规避

可以将 MRS 内的每一个机器人视为一个动态障碍，对其速度向量投影来推断躲避的方向（参见式（6.10））。然而，当两个机器人在相反方向上通过速度矢量投影计算后需要彼此避开时，就会出现冲突［Benzerrouk 等，2013］。处理这种冲突，需假设每个机器人能够识别同一个系统的机器人，所有的

MRS 中的机器人被建议强制在一个参考方向进行避障。因此，当一个机器人检测到一个挡路的同组机器人时，它总是以逆时针方向避开它，这可以被看作机器人之间的局部环形交叉口。

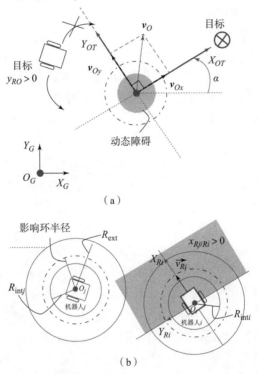

（a）

（b）

图 6.10　（a）避障（静态障碍：机器人纵坐标 y_{RO} 分析；

动态一：分析了 $\boldsymbol{v}_O$ 的投影方向）；（b）定义惩罚函数 $\psi_i^j(d_{ij})$ 的虚拟圆

此外，为了避免机器人互相碰撞，提出了作用于机器人的线性速度惩罚函数［Benzerrouk 等，2012b］。这一函数能够提高机器人轨迹的平滑度，并避免机器人运动振荡［Vilca 等，2014］。如图 6.10（b）所示，每个机器人由两个圆 C_{int} 和 C_{ext} 所包围，半径分别为 R_{int} 和 R_{ext}，且有 $R_{\text{int}} < R_{\text{ext}}$。当机器人 i 和机器人 j 之间的距离 d_{ij} 小于 R_{int} 时，发生碰撞。因此，机器人 i 相对于机器人 j 的惩罚函数 ψ_i^j 定义为

$$\psi_i^j(d_{ij}) = \begin{cases} 1 & d_{ij} \geqslant R_{\text{ext}} \\ \dfrac{d_{ij} - R_{\text{int}_i}}{R_{\text{ext}} - R_{\text{int}_i}} & R_{\text{int}_i} < d_{ij} < R_{\text{ext}} \text{ 且 } \dfrac{x_{Oj}}{R_i} > 0 \\ 0 & d_{ij} \leqslant R_{\text{int}_i} \end{cases} \quad (6.11)$$

然后，给出第 i 个机器人的修正线速度：

$$\bar{v}_i = v_i \psi_i^j \tag{6.12}$$

使用 R_{int_i} 的定义（其中 $R_{\text{int}_i} \neq R_{\text{int}_j}$），这保证了两个机器人不会同时停止。事实上，如果机器人有相同的 R_{int_i}，在特定的配置中就可以观察到局部极小值。实际上，当 $d_{ij} < R_{\text{int}_i}$ 时，会导致 $\psi_i^j = \psi_j^i = 0$，机器人就会同时停止。例如根据通信约束（延迟时间）和定位误差，R_{ext} 是固定不变的。关于 R_{int}、R_{ext} 的选择和应对超过两个机器人的方法扩展可参考文献 [Benzerrouk 等，2012b]。通过在"控制律"模块的输出之后添加一个模块（参见图 6.11），惩罚函数可以很容易地整合到提出的控制架构中（参见图 6.5）。

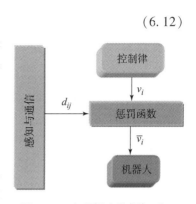

图 6.11　在所提出的框架下惩罚函数的集成

6.3.3.4　实验结果

实验是使用 Khepera 机器人完成的，多机器人系统感知已经集成到控制框架中。因此，测试系统中安装了相机，通过图像检测每个机器人的条形码（参见附录 A），获取机器人的位置和航向，这些信息由一台计算机通过 WiFi 网络发送到各机器人。文献 [Benzerrouk 等，2010b] 中的虚拟结构具有直线轨迹，而下面要展示的是使用一种圆周运动轨迹，在这种轨迹下，尽管受到运动限制，所有的机器人也都能达到所有目标 [Benzerrouk 等，2014]。已知虚拟结构的动态特性必须满足式（6.6），由主目标 T_1（参见图 6.12（a））形成的圆周运动的半径 R_{vs} 进行验证：

$$R_{vs} = \frac{v_T}{\dot{\theta}_T} > \frac{v_T}{w_{\max} - k\pi} \tag{6.13}$$

式中，v_T 为常量，且有 $v_T \ll v_{\max}$。

首先，考虑顺时针运动，如图 6.12（a）所示。观察到机器人甚至没有通过过渡阶段也收敛到虚拟结构，原因是 R_{vs} 足够大，机器人的初始条件远未达到文献 [Benzerrouk 等，2014] 中所描述的临界状况。在时刻 $t_2 + \Delta t$，产生虚拟结构状态的跳转（参见图 6.12（b））。此外，虚拟结构的动态特性被改变，使得其运动变为逆时针方向。机器人与目标之间的距离如图 6.13 所示，它们下降到 0，这证实了编队得以形成并保持。当虚拟结构动态特性改变时，机器人远离目标，这解释了观察到的跳变现象。在整体系统的李雅普诺夫函数上也观察到同样的现象（参见图 6.14）。

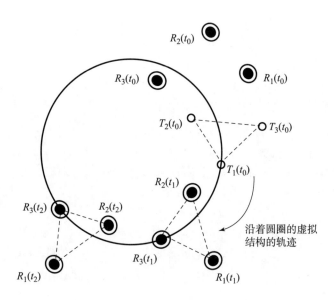

（a）$t_0 \to t_2$：虚拟结构的顺时针运动

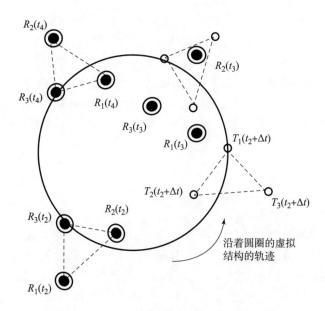

（b）$t_2 \to t_4$：切换到逆时针运动

图 6.12　机器人的实际轨迹（相机的俯视图）

（a）目标的分布式分配；（b）目标的重分配

注释：$T_i(t_j)$ 目标 i 在时刻 j 的轨迹，$R_i(t_j)$ 机器人 i 在时刻 j 的轨迹

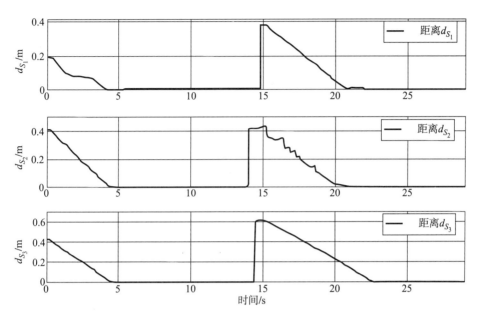

图 6.13　机器人 i 与所选目标（$i = 1$，2，3）之间距离 d_{S_i} 的变化

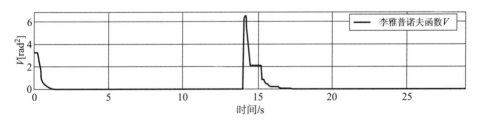

图 6.14　全局李雅普诺夫函数 $V = \sum\limits_{i=1}^{3} V_i$ 变化曲线

就相对成本系数（RCC）的使用而言，在实验开始时（在 $t = t_0$（参见图 6.12 (a)）），每个机器人计算所有目标的 RCC，结果见表 6.1。对于机器人 R_1，最小 RCC 对应于 T_3，这个目标不是任何其他机器人的期望目标，因为对于这个目标 R_2 和 R_3 的相对成本系数不是最小的。然而，通过 R_2 和 R_3 的 RCC 都对应 T_2，由于 R_2 拥有最小的相对成本系数，因此 R_3 必须寻找另一个目标，并选择了剩下的目标 T_1。

第二阶段从 $t_2 + \Delta t$ 开始（参见图 6.12 (b)），机器人再次计算每个目标的 RCC。相对成本系数 RCC 在表 6.2 中给出。该表显示所有机器人都优先选择目标 T_2。R_1 获得它，因为它具有最小的相应 RCC。R_2 和 R_3 立即搜索高于 T_2 的相对成本系数的目标；再次，两者都对目标 T_1 感兴趣，目标 T_1 由 R_3 获得，因为它的 RCC 较小。R_2 获取剩余目标 T_3。可以看出，R_2 和 R_3 把目标 T_2 让给 R_1，这体现了文献［Benzerrouk 等，2012a；Adouane 和 Le Fort-Piat，2004］中提到的利他行为。

表 6.1	在时刻 t_0 的相对成本系数		
	T_1	T_2	T_3
R_1	0.41	0.32	0.25
R_2	0.39	0.23	0.33
R_3	0.39	0.24	0.41

表 6.2	在时刻 $t_2 + \Delta t$ 的相对成本系数		
	T_1	T_2	T_3
R_1	0.36	0.21	0.38
R_2	0.37	0.22	0.40
R_3	0.34	0.26	0.40

6.3.4　基于领航－跟随方法的编队导航

下面介绍基于领航－跟随方法的编队导航［Vilca 等，2014］。这种方法已被应用于 VIPALAV 车辆（参见附录 A）。以下介绍几个仿真测试和实验结果，将验证不同方法的稳定性（6.3.4.2 节），以及地面无人车辆编队的动态重构特性（参见 6.3.4.3 节）。

6.3.4.1　建模

领航－跟随方法能够保持编队刚性的几何形状（如图 6.15 中的三角形），在这种情况下定义的队形是在笛卡儿坐标系下（领航车的局部坐标系）。本节提出的基于领航－跟随方法的编队定义如下：

①一个领航车（如图 6.15 中的 UGV_L），它的姿态是 (x_L, y_L, θ_L)，其线速度 v_L 决定了编队的动态特性。

②编队结构是由足够多的节点来定义的，以获得期望的编队形状，每一个节点 i 都是一个虚拟动态目标 T_{d_i}，编队可以用 $\boldsymbol{F} = \{\boldsymbol{f}_i, i = 1, 2, \cdots, N\}$ 定义，这里 $\boldsymbol{f}_i$ 是虚拟动态目标 T_{d_i} 的坐标 $(h_i, l_i)^{\mathrm{T}}$，参考坐标系是领航者的局部坐标系。

每个节点（虚拟目标）的位置和航向是从领航车构形状态计算出来的。领航车位置根据编队形状确定节点位置，形成的瞬时曲率中心 I_{cc_L} 由领航车根据其运动确定（参见图 6.15），I_{cc_L} 允许我们根据编队形状计算节点的期望航向。

领航车绕 I_{cc_L}（垂直于其后轮）旋转，然后另一个目标 T_{d_i} 期望路径点也必须绕 I_{cc_L} 旋转以保持刚性编队形状。因此，目标的速度 v_{T_i} 必须与以 I_{cc_L} 为中心的圆相切，并且将 T_{d_i} 和 I_{cc_L} 之间的距离作为半径 $r_{C_{T_i}}$。

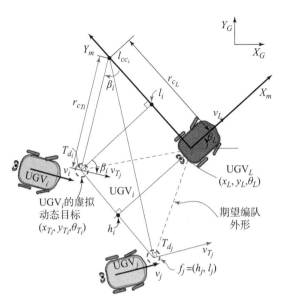

图 6.15　根据领航车（领航 – 跟随方法）的移动
参考坐标系定义期望路径点来保持三角形编队

这一策略的目的是消除无人车对全局参考坐标系的依赖，可以应用直接的坐标变换来获得基于领航车局部坐标系的期望路径点，也可以通过应用直接变换来使用极坐标（r_i，Φ_i）。使用的领航 – 跟随方法的一个重要优点在于，它不依赖于任何参考轨迹，并且编队完全是根据领航车的瞬时动态特性定义的。此外，所提出的方法具有更好的反应式控制特性，因为在每个采样时刻仅采用领航车的当前构形状态和速度，而不是使用领航车的轨迹作为编队的参考〔Chen 和 Li，2006；Shames 等，2011〕。

为了实现提出的编队策略，一个重要的考虑是，跟随车辆必须尽可能准确地知道领航车的状态（姿态和速度）。以下假设领航车通过稳定的 WiFi 通信发送其状态而没有延迟。而安装在每个跟随机器人上的摄像机或激光雷达传感器可用于估计领航车的状态〔Das 等，2002；El-Zaher 等，2012；Vilca 等，2015a〕。

接下来，f_i 以全局笛卡儿坐标系给出以统一方程式符号。在全局参考坐标系中的领航车姿态的虚拟目标位姿 T_{d_i} 可以写成（参见图 6.15）

$$\begin{cases} x_{T_i} = x_L + h_i\cos(\theta_L) - l_i\sin(\theta_L) \\ y_{T_i} = y_L + h_i\sin(\theta_L) + l_i\cos(\theta_L) \\ \theta_{T_i} = \theta_L + \beta_i \end{cases} \qquad (6.14)$$

式中，(x_L, y_L, θ_L) 是领航车当前位姿；β_i 是相对领航车姿态 T_{d_i} 的航向，由下式给出：

$$\beta_i = \arctan[h_i/(r_{C_L} - l_i)] \qquad (6.15)$$

式中，r_{C_L} 是领航车的曲率半径。微分方程（6.14），每个 T_{d_i} 的速度由下式给出：

$$v_{T_i} = \sqrt{(v_L - l_i\omega_L)^2 + (h_i\omega_L)^2} \qquad (6.16)$$

$$\omega_{T_i} = \omega_L + \dot{\beta}_i \qquad (6.17)$$

式中，v_L 和 ω_L 分别是领航车的线速度和角速度，$\dot{\beta}_i$ 可由下式计算：

$$\dot{\beta}_i = -h_i \dot{r}_{C_L}/[(r_{C_L} - l_i)^2 + h_i^2] \qquad (6.18)$$

从式（6.18）可以看出，当 $\dot{\beta}_i = 0$ 时，形成具有恒定的曲率半径 r_{C_L}，并且虚拟目标的角速度等于领航车的角速度（$\omega_{T_i} = \omega_L$）（参见式（6.17））。

6.3.4.2 基于动力学约束设定点的稳定 LF 编队

本节说明领航车约束（最大线速度和转向角）的一种自适应计算方法，以获得满足整体编队的车辆约束的每个虚拟目标（也是跟随车的期望路径点）的动态特性［Vilca Ventura，2015］。这些自适应约束能够改善形成期望编队形状的快速性和稳定收敛性。

领航车的局部坐标能够在无人车编队的导航期间保持恒定的几何结构（参见图6.15）。这种几何结构的动态特性从属于领航车的动力动态特性（参见式（6.14）、式（6.16）和式（6.17））。此外，虚拟目标的动态特性（参见图6.15）不能大于某一最大值，多机器人编队必须测试验证并能够保证达到该最大值。

以下考虑同构多无人车系统，即所有地面无人车辆具有相同的物理约束。地面无人车辆编队建模为三角形编队，而跟随车的线速度、转向角和加速度分别受 v_{min}、v_{max}、γ_{max} 和 a_{max} 的约束，且必须满足

$$v_{min} \leqslant |v_{T_i}| \leqslant v_{max} \qquad (6.19)$$

$$|\gamma_{T_i}| \leqslant \gamma_{max} \qquad (6.20)$$

$$|\dot{v}_{T_i}| \leqslant a_{max} \qquad (6.21)$$

式（6.16）和式（6.17）给出了基于领航车动态特性的虚拟目标动态特性。因此，诸如速度、转向角和加速度之类的领航车约束，可以被定义为地面无人车辆和编队约束函数（参见式（6.19）、式（6.20）和式（6.21））。

转向角与车辆轨迹的曲率直接相关，$c_c = 1/r_c = \tan(\gamma)/l_b$。因此，转向角

约束（参见式（6.20））可以写为曲率约束。此外，$\omega_L = v_L c_{cL}$ 作为 c_{cL} 的函数可用于以下计算。为了简化表示，引入下式：

$$A(c_{cL}) = A_{C_L} = (1 - l_i c_{cL})^2 + (h_i c_{cL})^2 \qquad (6.22)$$

通过在速度约束（6.19）中引入式（6.16）和式（6.22），得到

$$v_{\min} \leqslant v_L A_{C_L}^{1/2} \leqslant v_{\max} \qquad (6.23)$$

转向角约束可以表示为曲率 $c_{c_{\max}}$ 的函数。利用式（6.16）和式（6.17）来云计算跟随车的曲率 $c_{c_{T_i}} = \omega T_i / (v T_i)$，并结合式（6.18）和式（6.22），可得

$$\left| \frac{C_{C_L}}{A_{C_L}^{1/2}} + \frac{h_i \dot{C}_{C_L}}{v_L A_{C_L}^{3/2}} \right| \leqslant c_{c_{\max}} \qquad (6.24)$$

式中，$|\cdot|$ 是表达式的绝对值。

加速度约束（6.21）是通过对式（6.16）求导获得的：

$$\left| v_L A_{C_L}^{-1/2} ((l_i^2 + h_i^2) C_{C_L} - l_i) \dot{C}_{C_L} + \dot{v}_L A_{C_L}^{1/2} \right| \leqslant a_{\max} \qquad (6.25)$$

对于三角形编队，重要约束项 $\dot{C}_{C_L}$ 与领航车的转向角速度有关，由下式给出：

$$\dot{C}_{C_L} = \dot{\gamma}_L \sec^2(\gamma_L) / l_b \qquad (6.26)$$

式中，γ_L 为领航车的转向角，而 sec 是正割函数。

分析式（6.23）、式（6.24）和式（6.25），注意到式（6.22）的限制允许我们获得领导车辆约束。计算 $A(c_{cL})$ 的一阶导数得到式（6.22）的最小值：

$$h_m^2 / (h_m^2 + l_m^2) = A_{c_{L\min}} \leqslant A(c_{cL}) \leqslant A(c_{c_{L\max}}) \qquad (6.27)$$

式中，$f_m = (h_m, l_m)^{\mathrm{T}}$ 是有关领航车 I_{cc_L} 确定瞬时转动中心的最远节点的坐标。$\dot{c}_{cL}$ 的限制范围由下式给出：

$$\dot{c}_{cL} \leqslant \dot{c}_{cL\max} = \dot{\gamma}_{L\max} \sec^2(\gamma_{L\max}) / l_b \qquad (6.28)$$

式中，$\gamma_{L\max}$ 为领航车的最大转向角。

使用式（6.27）和式（6.28），并在式（6.23）、式（6.24）和式（6.25）中应用三角不等式，得到

$$v_L A_{C_L}^{1/2}(c_{cL\max}) < v_{\max} \qquad (6.29)$$

$$\left| \frac{c_{cL\max}}{A_{CL\min}^{1/2}} \right| + \left| \frac{h_m \dot{c}_{cL\max}}{v_{L\min} A_{CL\min}^{3/2}} \right| < c_{c\max} \qquad (6.30)$$

$$\left| \frac{v_{L\max}}{A_{CL\min}^{1/2}} ((h_m^2 + l_m^2) c_{cL\max} - l_i) \dot{c}_{cL\max} \right| + \left| a_{L\max} A_{CL\max}^{1/2} \right| < a_{\max} \qquad (6.31)$$

式中，$v_{L\min} = v_{\min}/A_{C_{L\min}}^{1/2}$。

最后，计算得到领航车约束 $v_{L\max}$、$c_{cL\max}$ 和 $a_{L\max}$，在数学上解决式（6.29）、式（6.30）和式（6.31）中给出的三个不等式时，满足所有车辆（跟随车辆）的约束。然而，这些固定的领航车约束可以显著降低领航车的动态特性（速度、转向角和加速度，接近其最小值），从而降低编队的动态性能。为了解决这个问题，提出一种自适应约束计算方法，使用领航车的动态特性的速度和转向角度，能够提高向期望编队队形的收敛速度，提升保持编队队形的能力。下面给出领航车的适应性约束：

$$v_{L\min} = v_L \tag{6.32}$$

$$v_{L\max} = v_{\max} A_{C_L}^{-1/2} \tag{6.33}$$

$$\left| \frac{c_{cL\max}}{A_{C_{L\min}}^{1/2}} \right| = c_{c\max} - \left| \frac{h_m \dot{c}_{cL}}{v_{L\min} A_{C_L}^{3/2}} \right| \tag{6.34}$$

式中，$A(c_{cL})$ 和 $\dot{c}_{cL}$ 是基于当前领航车 c_{cL} 的瞬时值。从式（6.29）和式（6.30）获得这些自适应约束，并根据领航车曲率获得速度和转向角的最大值（参见式（6.22））。$v_{L\min}$ 和 $\dot{c}_{cL}$ 的瞬时适应值能够在减小式（6.30）的第二项时增加 $\gamma_{L\max}$ 的极限。此外，c_{cL} 有助于增加 $v_{L\max}$ 的极限值，例如，当车辆以直线移动时，编队可以用 $v_{\max}$ 进行航行。

仿真结果

本部分展示在混杂环境中一组 $N = 3$ 地面无人车辆导航 LF 编队仿真测试结果。所有的仿真都是在 MATLAB 软件中进行的。使用的地面无人车辆的物理参数是基于城市无人车 VIPALAB（参见附录 A）。地面无人车辆的约束是最小速度 $v_{\min} = 0.1$ m/s，最大速度 $v_{\max} = 1.5$ m/s，最大转向角 $\gamma_{\max} = \pm30°$，最大加速度 $a_{\max} = 1.0$ m/s^2。采样时间设定为 0.01 s。每个地面无人车辆具有一个距离传感器（LIDAR），其最大检测范围等于 $D_{\max} = 10$ m，并具有稳定的通信网络。控制器参数设置为 $K = (1, 2.2, 8, 0.1, 0.01, 0.6)$（参见 3.2.2 节）。选择这些参数以获得在车辆性能指标范围内的安全平稳的轨迹、快速响应和速度值。

每次仿真测试过程中，车辆都以相同的构形状态启动，并且必须达到相同的最终构形状态。其中一辆地面无人车作为领航车，编队将根据其构形参数来定义。考虑一个三角形队形 $\boldsymbol{F} = ((-4, -2)^T, (-4, 2)^T)$ m（参见图 6.15）。车辆的初始位置与其分配的虚拟目标的初始位置偏移为 $(\Delta x, \Delta y) = (1, 0.5)$ m。无人车编队在混杂环境运动过程中必须保证编队形状不变。行驶环境中定义了一个静态目标，领航车辆和编队必须在避开障碍物的同时到达该静态目标。

　　这组地面无人车以三角形编队向终点行进，当领航车在一个允许编队重置的合适距离内检测到一个障碍物时，整个编队将使用限制环方法保持所需的队形，同时进行避障。对应于 PELC 安全余量的 K_p（参见式（2.3））增加 2 m 以保证编队安全导航。事实上，极限环避障导航控制是最初为单个机器人导航提出的，然后扩展到多机器人编队导航控制。已知编队由纵坐标 h_i 和横坐标 l_i 定义（参见式（6.14）和图 6.15），选定 K_p 的值以考虑编队形状的最大横向坐标 l_{imax}。该方法的优点是，即使当障碍物阻碍编队导航时也能保持整个编队的形状，而不是使每个机器人在局部避免障碍物［Benzerrouk 等，2012a］。

　　跟随车跟踪它们的虚拟目标，以保持所需的编队构形 $\boldsymbol{F}$。图 6.16（a）、（b）分别显示了无/有领航车自适应约束条件下的轨迹。图 6.17（a）、（b）分别显示了无/有领航车自适应约束条件下的速度和转向角。所述方法能够获得平顺（车辆控制命令值）而安全（避障）的导航（参见图 6.16（b）和图 6.17（b））。没有领航车约束的编队的轨迹会出现一些振荡，这些振荡与虚拟目标的速度大于 v_{max} 的情况相关（参见图 6.17（a））。此外，注意到图 6.17（b）中，当应用自适应领航车约束方法时，跟随车辆的速度和转向角满足其物理约束。

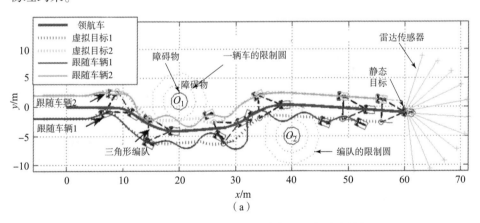

图 6.16　一组由 3 辆地面无人车辆组成的编队导航

（a）无自适应领航车约束

177

（b）

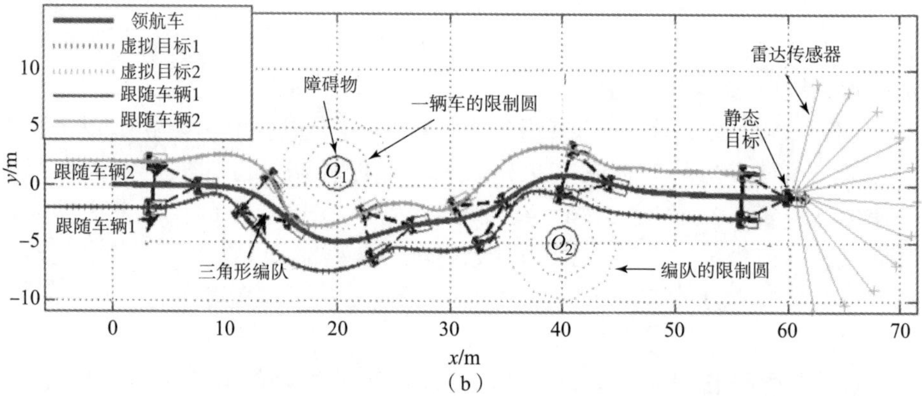

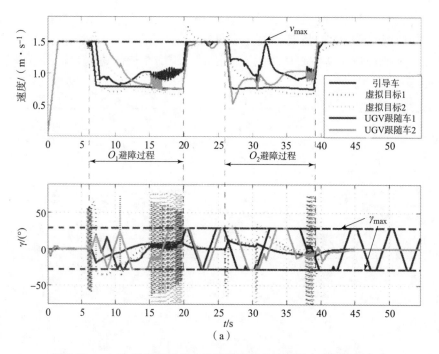

图 6. 16　一组由 3 辆地面无人车辆组成的编队导航（续）

（b）有自适应领航车约束

（a）

图 6. 17　（a）没有领航车动态特性约束的地面无人车辆控制指令

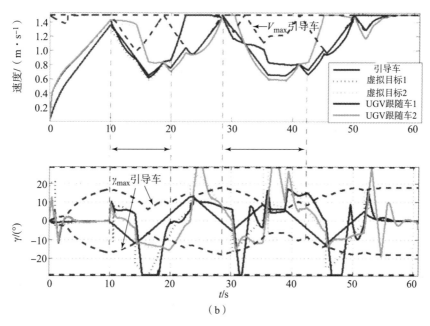

图 6.17　（b）使用自适应领航车约束的地面无人车辆控制指令（续）

　　图 6.18 显示了每辆 UGV 与其虚拟目标之间的距离 d 和航向误差值 e_θ。对于使用自适应领航车约束的编队，从图 6.18 中可以看到一个由领航车行驶曲率增加时所引起的领航车动态特性的快速变化（领航车辆动态特性参数增加时，跟随车辆出现了饱和现象（见图 6.17（b））而导致一些小的峰值。

　　为了量化期望编队形状 F 和实际编队形状之间的偏差，这里引入了 Procrustes 形状距离 ［Kendall，1989；Ze-su 等，2012］。一般来讲，Procrustes 距离 P_d 是最小二乘形状度量，需要具有一对一点对应的对齐形状。图 6.19 所示为在不同领航车车速下三角形顶点位置间 Procrustes 距离 P_d 的变化过程。可以看到没有引入领航车约束的编队不会收敛到期望编队形状 F。当虚拟目标不满足动态特性约束时就会出现这种情况。跟随车不能到达它们所被分配的目标位置，因此也不能保证编队形状的收敛（见图 6.18 和图 6.19，点画线）；与之相反，应用本书提出的自适应领航车约束的编队导航方法则可以很好地收敛于期望的编队形状 F（见图 6.18 和图 6.19，实线）。

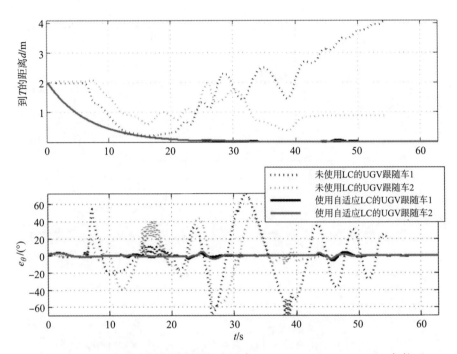

图 6.18　应用与未应用自适应领航车约束（Leader Constraints，LC）条件下相对于虚拟目标地面无人车编队的距离和方向误差

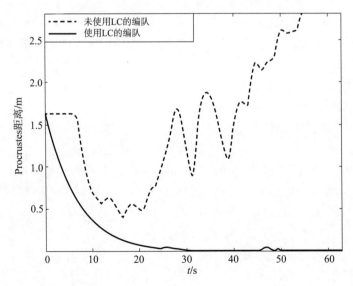

图 6.19　行驶中应用于未应用自适应领航车约束（LC）条件下编队形状 *F*

6.3.4.3　编队动态特性与平顺性重构

编队动态特性与平顺性重构的挑战在于，如何在构形变化时，确保 MRS 的稳定性和安全性，队形变化包括直线形编队变为矩形编队、三角形编队变为直线形编队，等等 [Vilca 等，2014]。这使得编队系统可以根据行驶环境实时改变 MRS 编队形状，例如当环境行驶道路宽度不满足三角形编队时，可以将三角形编队转变为直线形编队。

一些文献中也提到了一些关于编队重构的不同方法 [Chao 等，2012；Chen 和 Li，2006；Das 等，2002]。许多方法基于时间范围和成本函数的优化思想来应用模型预测控制系统（MPC，Model Predictive Control）[Chao 等，2012]。这些方法通常因为在某一时间范围内的预测计算而非常耗时，而且这些方法目前只应用到小型独轮机器人上，并只在当前时间范围内所计算出的预定轨迹上运动。下面提出一种新的基于实现不同虚拟目标设置间的适当平顺转换的编队重构策略（SFR，Strategy of Formation Reconfiguration）。

在实验初始化时，每一辆 UGV_i 都被分配了一个对应虚拟目标 T_{d_i} 的标签 h_i 以及一个特定的目标，在编队重构阶段每一辆无人车持有该标签。必须注意的是，新的编队形式生成的新虚拟目标必须位于无人车的前方，以保证系统总体稳定性，这是考虑到车辆不允许以后退方式来到达新的虚拟目标。如果不满足这种状态，就通过平滑和试探性地增加纵坐标 h_i 的值来调整前面的队形参数，直到所有的 UGV 构形都处于正确的配置。定义当前新编队与旧编队的坐标参数误差 $\boldsymbol{e}_{f_i}(e_{h_i}, e_{l_i})$ 为

$$\boldsymbol{e}_{f_i} = \boldsymbol{f}_i^n - \boldsymbol{f}_i^f \tag{6.35}$$

式中，$\boldsymbol{f}_i^f(h_i^f, l_i^f)$ 和 $\boldsymbol{f}_i^n(h_i^n, l_i^n)$ 分别为旧编队坐标和当前新编队坐标（见图 6.15 和图 6.20）。

不同编队形状之间的重构过程由下式给出：

$$\boldsymbol{f}_i = \begin{cases} h_i = h_i^n - e_{h_i} e^{-k_r(t-t_r)}, \ l_i = l_i^n, \ e_{h_i} < 0 \\ h_i = h_i^n, \ l_i = l_i^n, \ e_{h_i} \geqslant 0 \end{cases} \tag{6.36}$$

式中，$\boldsymbol{f}_i(h_i, l_i)$ 为跟随 UGV_i 跟踪的当前虚拟目标 T_{d_i} 的坐标参数；e_{h_i} 为 e_{f_i} 的纵坐标，能够检测判断虚拟目标是否位于相应的跟随车前方（$e_{h_i} \geqslant 0$）。当 $e_{h_i} < 0$ 时，表示虚拟目标位于跟随车辆后方，自适应函数与编队形状误差成比例，式中 k_r 为由领航车动态特性得出的一个正实数常量，$t_r > 0$ 为重置过程中的初始化时间。

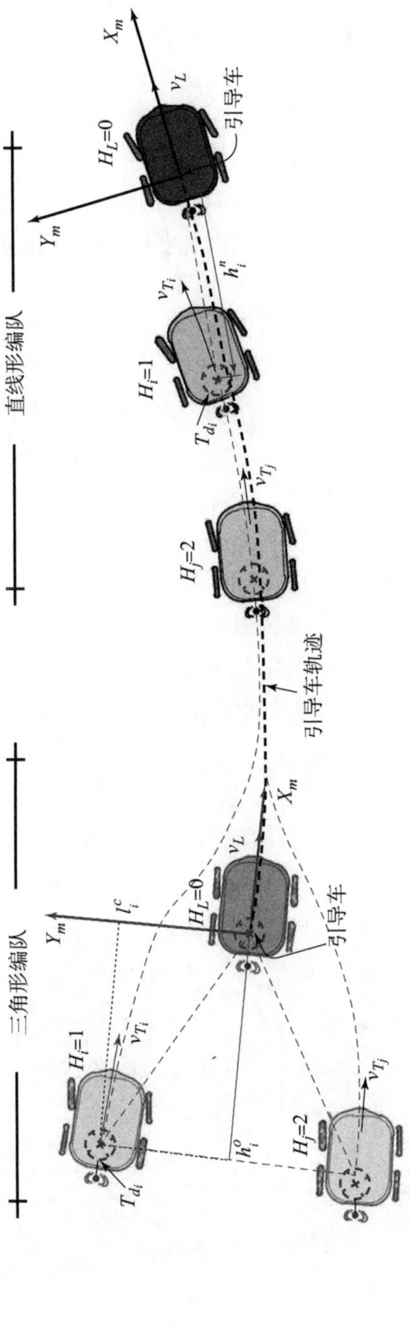

图 6.20　编队队形重构（图中从三角形队形切换到直线形队形）

6.3.4.4　仿真和实验

本节介绍了一个 $N=3$ 的 UGV 编队在混杂环境中导航的过程，并对编队形状变化时的重构策略（SFR）进行了分析。编队中 UGV 的无碰半径（参见 6.3.3.3 节）设为 $R_{intL}=1.8$ m，$R_{int1}=2.2$ m，$R_{int2}=2.0$ m 以及 $R_{ext}=2.7$ m。地面无人车辆的控制参数和特性参数已在 6.3.4.3 节中给出。每次仿真中，无人车按相同的构形参数开始运动，并且最终达到相同的构形状态。车辆的初始位置相对于它们被分配的虚拟目标位置有一个偏置 $(\Delta x,\Delta y)=(1,0.5)$ m。

图 6.21 所示为 3 辆 UGV 在混杂环境中行驶的导航过程。编队坐标系被初始化为 $F=(f_1,f_2)$，其中 $f_1=(-4,-2)^T$ m，$f_2=(-4,2)^T$ m（三角形）。因此，UGV 编队在混杂环境运动过程中必须保证编队形状不变。行驶环境中定义了一个静态目标，领航车辆和编队必须在成功躲避障碍物的同时到达该静态目标。新的面向目标的编队类型用坐标系 $F^n=(f_1^n,f_2^n)$ 定义为直线形，其中 $f_1^n=(-6,0)^T$ m，$f_2^n=(-3,0)^T$ m。

如图 6.21 所示，仿真开始时，UVG 编队以三角形编队 F 行驶。当领航车在一个允许编队重置的合适距离内检测到一个障碍物时，领航车使用极限环法［Adouane 等，2011］进行避障，同时发送新的期望编队参数 F^n 给编队中的跟随车来重构编队队形。当领航车没有检测到能够阻碍其他 UGV 运动，并且最后一辆跟随车通过障碍区域后，编队恢复到三角形编队构形 F。调整过程中虚拟目标总是位于跟随车的前方，从而获得一个合适的自适应编队重构过程（见图 6.22（a）~图 6.23（b））。

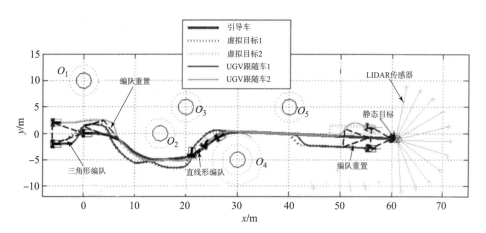

图 6.21　一个由 3 辆 UGV 组成的编队在导航过程中进行队形重构

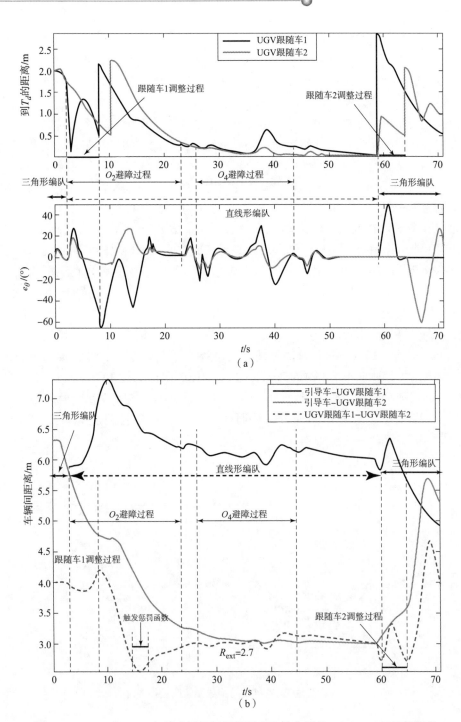

图 6.22　（a）各 UGV 与其虚拟目标间的距离和航向误差；（b）UGV 间的距离

图 6.22 （a）所示为每一辆 UGV 和其对应虚拟目标之间的距离偏差 d 和航向误差 e_θ 的变化曲线。在第一次重置时，可以看到跟随车 1 一直等到虚拟目标位于其前方时才开始重构过程，而且图中的一些小峰值的出现是由前方领航车的动态参数快速变化引起的，编队的动态参数增加以及当领航车曲率增加时，跟随车辆出现了饱和状态。图 6.22 （b）所示为编队内 UGV 间的距离信息，清楚地表明了编队中 UGV 间的无碰撞过程，也即满足 $d_{ij} > R_{int12}$。

图 6.21 和图 6.23 （a）分别为编队内 UGV 的轨迹和速度，可以看到在行驶过程中无人车的轨迹是平滑的，既没有和障碍物发生碰撞，编队车辆之间也没有发生碰撞。重构策略旨在减少当出现编队队形变化时各无人车控制命令的峰值（参见图 6.23 （a）），同时能够根据行驶环境状况变换编队队形；图 6.23 （b）为编队坐标系 (h_i, l_i)（虚拟目标位置）的变化曲线，从图中 h_i 的调整过程可以看出，领航车总是位于新获得的虚拟目标前方（见式（6.36）），这也证明了提出的重置策略的有效性。

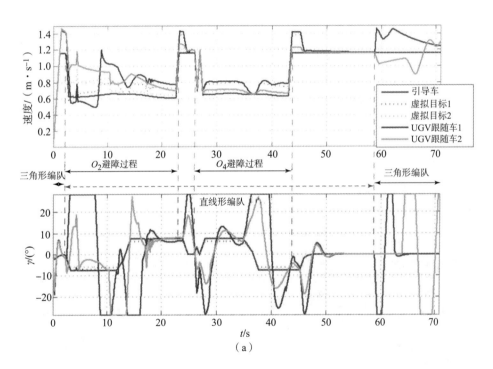

图 6.23　（a）各 UGV 的速度控制指令

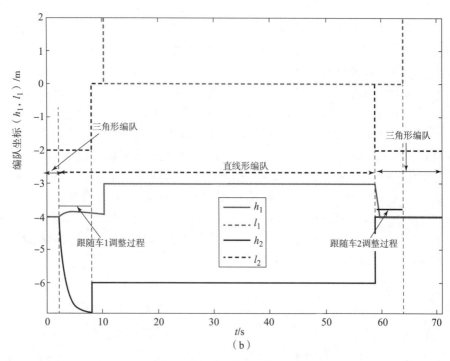

图 6.23　（b）SFR 算法得到的期望路径点 f_i 定义过程（续）

　　下面进行了一项使用 3 辆 VIPALAB 无人车的实车实验，实验目的是验证基于领航－跟随算法和编队重构机制算法的有效性。图 6.24（a）显示了一个 MRS 队形的变化过程，从最初的三角形编队开始运动，当领航车辆检测到一个障碍物时转变为直线形编队，一旦最后一辆跟随车辆避障结束，编队又平滑地恢复到三角形编队。图 6.24（b）所示为 3 辆 VIPALAB 的轨迹，这也证实了在编队行驶以及队形重构过程中的安全性和平顺性。

图 6.24　（后附彩插）最终论证在安全编队项目（SafePlatoon project）中给出

最终示范–SafePlatoon项目 2014年9月26日

(a)

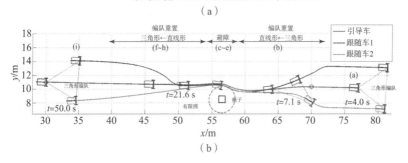

(b)

图 6.24　（后附彩插）最终论证在安全编队项目（SafePlatoon project）中给出（续）

6.4 结论

本章主要阐述了多机器人系统的控制方法。首先由于采用自下而上的研究方法，控制过程被相当程度地简化，其次归功于这本书稿前面的工作内容，本章工作只是为了处理复杂的多机器人系统，而在原来的多控制器架构基础上的一个很自然的扩展。

在对一般定义、概念、任务以及多机器人系统（MRS）的潜力进行介绍后，概述了面向多机器人系统的不同任务。实际上，除了本章主要解决的多机器人任务——编队行驶任务之外，也对其他两项协作任务进行重点说明，即"协同操作和运输"和"不确定环境中的协同勘探"）。这两项任务使用移动机器人以及其他辅助设施来协调群体内的运动来实现任务完成的最优化。

接下来，重点阐述了多机器人编队动态行驶过程中采用合适的算法，来实现混杂环境中安全、可靠以及灵活的导航。并强调了两个主要的方法：

（1）应用在 Khepera 移动机器人（独轮结构）中的"虚拟结构"（VS）法。

（2）应用在 VIPALAB® 车辆（三轮结构）中的"领航–跟随"（LF）法。

对于这两种方法，使用了一种基于目标到达/跟踪的稳定的专用多控制器架构。这种算法能够获得一种多机器人反应式控制架构，机器人跟踪各自分配到的虚拟目标构形状态和速度，不需要使用参考轨迹，从而省略了轨迹规划过程。本章的一个重要部分集中在保证编队可靠性和稳定性上，这一点在约束机器人设定点为总是可以被 MRS 获取时就已经得到保证。这种规范化形式能够在考虑机器人结构约束和目标编队形状要求的前提下，实现编队要求的最优动态特性。多机器人任务控制方法的可靠性通过李雅普诺夫函数和 Procrustes 距离函数进行评价。

本章介绍的多机器人协作策略回答了以下问题：

（1）机器人如何在编队中确定它们恰当的位置？

（2）如果存在阻碍物，包括静态的/动态的/其他类型的机器人，MRS 将如何行动？

（3）MRS 如何根据行驶环境来动态适应不同的编队形状（动态特性/构形设置）？

为了回答上述问题，提出了以下方法：

（1）提出一种称之为"相对成本系数"（RCC）的动态目标分配过程。在机器人之间通过一个协作的、利他机制以快速形成期望编队形状，能够通过分布式方式以非常简单的方法在机器人间共享目标。

（2）提出了以下几项提高机器人安全性的技术：

①在已识别到的动态障碍情况下，优化了第 2 章中提出的基于极限环的避障策略，新算法考虑了障碍物的速度以选择最合适的避障方向。

②考虑到同一 MRS 中机器人间的避障问题，提出了两种机制：第一种机制为所有的 MRS 编队成员增加一个参考方向，当一个机器人检测到编队中的干扰机器人时，它总是能够朝着逆时针方向躲避，这可以看作机器人间存在一个形岛路口。第二种机制通过定义一个作用在机器人线速度上的"惩罚函数"来提高机器人间的安全性。

③考虑到避障的问题，编队在当前状态下可以用三种可能的方式来进行避障：每一个机器人都可以使用极限环法单独进行局部避障；或者使用一个有足够安全距离的适当的极限环来使整个 MRS 保持它的初始编队形式；MRS 在必要的时间内切换到期望的编队队形以实现安全避障。

（3）提出一种自适应安全编队队形重构策略（SFR，Strategy for Formation Reconfiguration），该策略在基于不同虚拟目标的构形配置之间进行适当且平滑的切换。这个策略在避免使用预定义轨迹的同时，还能根据环境状况（动态特性、混杂情况等）进行队形变换。

使用 Khepera 机器人平台或 VIPALAB 机器人平台进行了大量的仿真测试和实车实验，进一步验证了本章提出的方法和策略。

总结与展望

总结

本书所述研究内容集中在如何提高单个移动机器人以及多机器人系统（MRS，Multi – Robot System）实现复杂任务的自主能力上，更确切地说，主要目标是提出适当的控制体系架构，以增强复杂环境中自主导航的安全性、灵活性和可靠性。复杂环境主要是指混杂、不确定和/或动态的环境。

虽然研究的概念、方法、体系结构可以应用于不同的领域（如服务机器人或农业），但交通运输领域仍然是本书的主要目标，应用场景包括人员运输（私家车或公共交通工具）以及货物运输（如在仓库或港口）。

提出的控制架构（决策/行为）主要包含三个密切相关的要素：任务建模（如根据适当的局部或全局参考坐标系）；规划（短期和长期期望路径点生成）；最后是控制方面（到达期望路径点的稳定性和可靠性）。上述要素采用自下而上的方法集成在适当的多控制器架构上，即使在高度动态和混杂的环境中也能努力倾向于采用完全自主的机器人导航。在整体研究工作中，主要目标是开发自动移动机器人，同时使用通用、可靠和灵活的过程进行建模、规划和控制。提出的控制架构旨在实时和安全地处理未知/不确定的情况，如果环境是已知的，则优化整个机器人导航控制效果。方法中还强调了将自动控制理论与人工智能相关的分析工具联系起来的重要性，包括马尔可夫决策过程（MDP）、多智能体系统（MAS）或模糊逻辑方法等。事实上，本书主要的目标任务涉及的公共交通车辆自主导航，需要非常高的可靠性，但总是存在某些"导航功能"例如处理不确定条件推理或机器人协作控制等，可以应用更高级别的抽象和推理，而不会降低控制系统的整体可靠性。

使用 Khepera 机器人（独轮车结构）或 VIPALAB 无人车（三轮车结构）开展了大量仿真和实车实验，证明了本书不同方法的效率，更准确地说，本书贡献可分为 4 个范畴：

①方法证明。

②基于 PELC 的避障。

③最优短期或长期轨迹/路点规划。

④移动多机器人协作系统。

1. 方法证明

1）同构和可靠的多控制器架构

应用多控制器架构是本书采用的控制方法的第一个特征。实际上，使用这种控制能够突破单个机器人或多机器人系统要执行的整体任务复杂性，并因此允许自下而上的研发方式（参见 1.4 节）。

191

为了展示和验证提出的多控制器架构的安全性和可靠性，定义以下技术/约定/设想：

（1）均匀期望路径点/目标设定点定义：基于目标到达/跟踪，通过期望路径点 $T_S = (x_T, y_T, \theta_T, v_T)$ 能够采用通用且灵活的方式来定义几乎所有移动机器人子任务（参见 2.4 节）。

（2）稳定的控制律：一旦定义了期望路径点的格式，就可以制定适当的稳定控制律，考虑到机器人物理结构约束的同时，将误差渐近地稳定为零。主要使用李雅普诺夫方法证明了控制律的稳定性，在提出的基本控制器（参见 3.2 节）以及整个多控制器架构（参见 3.3 节）方面都进行了稳定性说明。

（3）可靠的基本控制器：为了执行可靠的机器人导航，重要的是适当地定义构成多控制器架构的基本控制器（行为），例如领航机器人跟踪/跟随或避障行为。这种可靠性是同时对以下几个方面进行平衡得到的：

①期望路径点确定，取决于环境特点，例如混乱与否、动态与否等。例如，2.4.2 节中参数 R_S 会影响到期望路径点 T_S 的选取，当选择 $R_S = 0$ 时，会执行完全反应性避障（参见 2.5.4.1 节中的目的部分）。

②控制律的参数选择，例如 5.3.1 节中，确定控制误差的上限与控制器参数 K 之间的关系。

（4）可靠的控制器协调：要保证整个多控制器架构的稳定性（参见 1.4.2

节），仅仅证明每个基本控制器的稳定性是不够的。对于多控制器架构来说，管理控制器动作（硬切换或合并）之间的协调以实现平稳可靠的机器人导航非常重要。3.3 节中介绍了几种技术来管理这些控制器交互，其中最有意义的是基于硬切换的协调方法，$Hybrid_{CD}$（连续/离散）系统被作为正式框架来分析性地展示整体架构的稳定性，同时能够使控制器期望路径点/目标设定点跳变最小化。在这种控制器协调控制过程中，在有效架构上提出并实现了两种基于自适应函数（参见 3.3.1 节）或自适应增益（参见 3.3.2 节）的控制机制。

值得注意的是，均匀设定点定义使多个控制器能够共享共同的控制律，因此大大简化了整个多控制器架构的稳定性分析。

2）通过序列路点进行导航

提出了一种基于连续静态目标到达导航策略，即使在混杂的环境中也可以完成可靠的机器人导航（参见 5.2 节），是广泛使用的基于预定义参考轨迹导航方法的替代（或补充）策略。提出该方法的主要动机是需要进一步提高导航灵活性，即处理不同的环境和任务时，仍然能够保持高水平的可靠性和安全性。实际上，仅使用一组离散的路点来进行机器人导航，能够在路点之间执行更多运动控制，而无须重新规划任何参考轨迹就能保持可靠平顺（机器人的期望路径点和轨迹）和安全（不会碰撞道路边沿或任何障碍物）的导航，而重规划计算是非常复杂耗时的，特别是在混杂动态环境中尤为明显。

3）用于任务建模/实现的适当参考坐标系

为了在任何类型的环境中都能简单有效地描述机器人导航，提出了在所运行环境中进行任务建模，并针对机器人感知范围内的每个元素，包括障碍物/墙/目标/等，分配特定参考坐标系。这些特定参考坐标系引导机器人行为并评估当前需要实现的子任务是否成功，包括沿墙跟随、避障、目标到达/跟踪等子任务。因此，每个基本参考系能够在局部进行机器人导航。这里可以应用机器人手臂建模方法来进行类似的建模和导航控制（参见 2.3.2 节），虽然机器人导航任务背景明显不同，但提出的参考坐标系有助于合理地规划机器人运动效率，以最优地达到其最终目标。

更确切地说，这些参考坐标系能够执行基于并行椭圆极限环 PELC 的局部反应式避障导航（2.3.2 节）和优化基于全局并行椭圆极限环 gPELC 的总体全局轨迹（4.3.2 节）。正如提出的通过序列路点导航策略（参见 5.2 节）所强调的那样，使用了适当的参考坐标系来确定何时从一个目标切换到另一个目标。

2. 基于 PELC 的避障方法

避障控制器是在混杂和动态环境中执行可靠机器人导航的最重要模块之

一，因此本书非常重视避障控制器研究。提出了一种基于通用轨道轨迹的可靠且灵活的避障控制器，称之为平行椭圆极限环（PELC，Parallel Elliptic Limit-Cycle），并使用关联于环境中每个静态或动态障碍的参考坐标系（参见2.3.2节）。PELC能够在始终保持最小偏移距离的情况下避开障碍物（参见2.3.1节），并且从获取已经检测到障碍物包络椭圆参数的时刻开始，算法不需要任何复杂计算。此外，为了满足实时避障控制的需要，提出了几种有效检测和表征障碍物的方法（参见2.5.2节）。

已经证明，使用提出的基于极限环的避障方法用于处理不同类型的环境导航是非常可靠和灵活的，不管环境混杂与否、结构化或非结构化、静态或动态，都能够适应。仿真和实验测试展示了其很好的控制能力，如2.5.5节执行反应式机器人导航，4.4.4节进行了混合（反应/认知）导航控制，5.5.2和6.3.4.4节开展了混杂环境中的多车编队导航。

3. 最优短期或长期轨迹/路点规划方法

提出了适用于短期和长期规划的几种轨迹/路点规划技术。其中一些使用经典技术如Clothoids回旋曲线或人工势场法，这些技术能够根据所实现任务的新约束/要求进行调整（参见4.2节）。另一部分提出的技术是相对较新的，使用基于多标准优化模块/方法来进行机器人运动规划，包括以下模块/方法：

（1）路点生成：为了进行基于序列路点到达的导航控制（参见5.2节），提出了优化路点集生成优化方法，包括路点的数量、位姿、速度等参数优化，具体包括基于扩展树（OMWS-ET）或基于栅格地图（OMWS-GM）的最佳多目标优化路点选择方法（参见5.4节）。

（2）基于最佳路径规划的PELC：如2.5.4.1节中所述，PELC可用作执行反应式避障的实时规划算法，但也可用于更复杂的避障/导航。4.3.1节针对短期局部规划，提出了最优PELC方法（PELC*），其中包括几个子标准和约束，如机器人的初始状态和结构约束（非完整约束和最大转向角约束），增强平滑性、获得轨迹的安全性以及最小化机器人运动距离等。此外，当整体环境已知时，具有长期规划技术对执行适当的认知导航是很重要的，因此建议适当地对大量PELC*进行排序以获得基于最佳全局路径规划的PELC*（gPELC*）路径（参见4.3.2节）。

此外，PELC作为瞬时/短期或长期规划算法，是提出的混合（反应/认知）Hybrid$_{RC}$控制架构的主要组成部分。更具体地，4.4节提出了Hybrid$_{RC}$和均匀（在路径点和控制律方面）控制架构（HHCA）。该架构的主要目标是当环境未知/不确定时，能够实时和安全地进行反应式导航；并在环境已知时，通过认知式导航优化整体车辆导航效果。HHCA 控制架构通过不同的模块和控制机制，能通用、灵活和可靠地适应各种各样的环境（混杂与否、结构化或动态与否），同时保证机器人不同导航模式之间切换的平滑性。

4. 移动多机器人系统协作控制

采用多控制器架构（采用自下而上的构建方式）和信息利用方式，能够把已提出的技术/模块自然地扩展以处理更为复杂的系统，如动态协作多机器人系统（CMRS）。除了多机器人编队导航这项主要工作外，还研究了另外两项协作任务（即："协同操作和运输"和"不确定条件下的协作探索"），这两项任务说明了使用多个移动机器人完成任务，以及协调其运动以优化任务执行结果的必要性（参见 6.2 节）。

为了完成多机器人编队导航，主要使用两种方法："虚拟结构"（VS）（6.3.3 节）和"领航 – 跟随"（LF）（6.3.4 节），在混杂的环境中获得安全、可靠和灵活的协作导航。提出方法的一个重要部分是如何确保编队导航的可靠性和稳定性，这一点在约束机器人设定点为总是可以被 MRS 获取时就已经得到保证。因此，这些编队控制方法能够在考虑机器人的结构约束和目标队形状的同时，获得编队的最大动态特性（如编队速度等）。

在机器人之间的协作策略方面，提出了以下几种方法/机制：

（1）一种是分布式，确定机器人在编队中的适当位置，该方法使用基于"相对成本系数"（RCC）的特定动态目标分配过程。

（2）提出了几种机器人的安全函数，以更好地控制机器人 – 机器人协作和机器人 – "动态障碍"规避（参见 6.3.3.3 节），例如基于极限环扩展的避障方法，考虑了障碍物的移动速度或"惩罚函数"，考虑线性速度的作用可以增强机器人交互的安全性。

（3）提出一种基于不同虚拟目标构形之间适当平滑切换的自适应且安全的编队重构策略（SFR）。该策略没有使用预定轨迹，并且当必须根据环境信息动态修改编队队形时，可应用于不同的环境（动态或非动态，混杂与否等）。

展望

最重要的发展前景概述如下：从长远角度来看，目标是更充分地标准化/均匀化建模任务并改进决策/控制过程，以实现完全自主的机器人导航控制（参见 1.2 节）。如今，由于软件和硬件快速发展，人工生命（如图 1.9 中描述的第 4 级智能水平）可能会在未来几十年内成为现实。

更具体地说，研究目标是在近期和中期范围内扩展多控制器架构潜力，以便逐步增强移动机器人的自主性。对于多控制器架构来说，必须改进的主要方面是：

（1）即使存在不确定性，例如由于感知或机器人建模导致的，也可以保证整体控制系统的稳定性和可靠性。提出的 $Hybrid_{CD}$ 系统的控制机制需要扩展到总是有一个正式的框架来处理这种控制架构。系统对噪声/不确定性的鲁棒性应通过适当的方式来量化，以便对控制性能进行严格的分析。

（2）提出反应式和认知式机器人导航之间的最佳平衡的分析公式，将通过使用适当的度量来更好地表征环境的动态性/不确定性等。

■附录 A

仿真与实验平台

A.1　Khepera 机器人与专用实验平台

为满足移动机器人群体协作研究的需要，开发了基于 10 个 Khepera Ⅲ 微型机器人的实验平台。该机器人平台的构建是由加速实验验证阶段（快速原型）监控/控制体系结构的需要推动的，这些控制结构的测试验证一直贯穿于整个研究过程中。下面给出实验平台的详细介绍。

1. Khepera Ⅲ 移动机器人

如图 A.1（a）所示，Khepera Ⅲ 移动机器人是由瑞士 K-Team[1] 发行的一种小型独轮移动机器人，这种机器人可以搭载多种功能模块，如摄像头和抓取器，并可以使用 WiFi 或蓝牙进行通信，它还具有红外接近和环境光传感器，用于环境检测和避障。

2. 实验平台

外形尺寸：220 cm × 180 cm（参见图 A.1（b））。需要一个准确的工具来监控实验的进程，在平台顶部放置一个摄像头（参见图 A.1（c）），能够观测整个实验平台。此外，为了使实验平台环境中的所有机器人/障碍物进行精确定位（位置和方向），每个实体都有一个特定的条形码［Lébraly 等，2010］，通过顶部相机和 OpenCV 库，准确地定位机器人并在必要时把其位姿信息通过

WiFi 发送给机器人以及可能的其他实体。有关此实验平台的更多详细信息，请参阅文献［Benzerrouk，2010，第 4 章］。图 A.1（d）说明了使用的界面和顶部摄像机的环境视图。

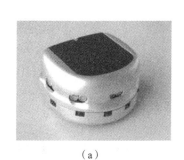

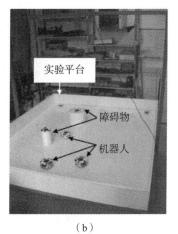

（a）　　　　　　　　　　　　　（b）

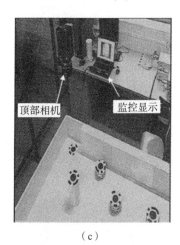

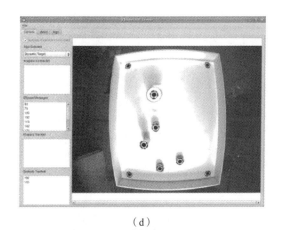

（c）　　　　　　　　　　　　　（d）

图 A.1　（a）Khepera Ⅲ 移动机器人；（b）实验平台；
（c）顶部观测相机和监控显示软件；（d）监控软件界面

A.2　Pioneer 机器人

另外，还有 5 个 Pioneer 机器人（见图 A.2）应用在 R – Discover 实验项目中。除了超声波传感器和里程计外，为了在环境中进行更好的定位导航，还安装了一个鱼眼相机和一个激光雷达［Lozenguez，2012］。

图 A.2   Pioneer 移动机器人

A.3   VIPALAB 和 PAVIN 用实验平台

Apojee 公司的 VIPALAB［IP. Data. Sets，2015］是一种自主无人车研发专用平台，这种城市车辆用于实现提出的编队导航控制架构［Vilca 等，2015a］。表 A.1 列出了 VIPALAB 的相关参数［IP. Data. Sets，2015］。该无人车安装了内部传感器和外部信息感知传感器，包括相机、里程计、转向角传感器、RTK-GPS 接收机、WiFi 无线路由器和控制计算机，详细内容参见文献［IP. Data. Sets，2015］。可以使用车载计算机通过 CAN 协议控制 VIPALAB，或使用连接到车辆的有线控制面板进行控制。

如图 A.3 所示，VIPALAB 中安装了几种传感器来获取 UGV 或环境信息［IP. Data. Sets，2015］。表 A.2 中描述了用于实现提出的导航控制架构实验的主要传感器。

表 A.1   VIPALAB 实验平台

VIPALAB	参数	性能参数描述
	底盘尺寸	$(l,w,h) = (1.96,1.30,2.11)\,m$
	质量	400 kg（不含电池）
	电机	三相 3×28 V，4 kW
	制动	集成到电机
	最大速度	20 km/h（约5.5 m/s）
	电池	8 节电池 12 V，80 A·h
	机动性	一次充满电续航 3 h
	计算机	英特尔酷睿 i7，CPU：1.73 GHz，RAM：8 GB，操作系统 OS（32 位）：Ubuntu12.04

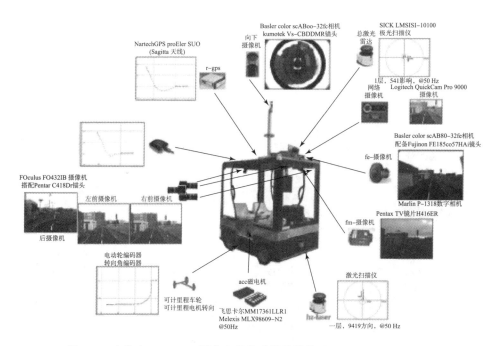

图 A.3 安装在 VIPALAB 平台上的传感器及性能［IP. Data. Sets，2015］

表 A.2 VIPALAB 平台上的传感器（见图 A.3）

模块器件	性能参数描述
RTK-GPS IMU 测距传感器	NacTechGPS，精度：2 cm；帧速率：10 Hz
	Xsens MTi，精度：0.2°/s；帧速率：2 kHz
车辆内部传感器	激光雷达 SICK LMS，范围［0，50］m 和角度［-45°，225°］； 分辨率：0.5°；帧率：50 Hz
	车轮里程计，精度：2 cm；帧率：50 Hz
	转向角，分辨率：0.02°；帧率：50 Hz
	电机里程，分辨率：0.1 m/s；帧速率：50 Hz

　　结构化环境：PAVIN（Plateforme d'Auvergnepour Véhicules Intelligent）测试平台位于 Clermont-Ferrand 的 Blaise Pascal 大学校园 Cézeaux，如图 A.4 所示。PAVIN 移动机器人实验测试场是一个由两个区域（城市和乡村区域）组成的人造环境，其总占地面积为 5 000 m²。市区的轨道长 317 m，包含一条较宽的街道，配有多个交通路口和环岛交叉路口，路口设有交通标志牌和交通信号灯。此外，两侧的建筑立面，植被和街道设施组合成一个完整的城区交通场

199

景。乡村地区的跑道长 264 m，路边有未铺砌的道路、草地和泥地。此外，整个区域被无线网络和 DGPS 基站信号覆盖［IP. Data. Sets，2015］。

虽然 PAVIN 是一个小规模的测试环境，但它是评估与自动驾驶相关算法的理想平台，如导航、道路检测、交通信号检测等。文献［IP. Data. Sets，2015］中提供了 PAVIN 环境的二维和三维纹理模型的高精度 GPS 地理数据。

图 A. 4　PAVIN 实验测试场（法国 Clermont-FerrandBlaise Pascal 大学校园）

A. 4　ROBOTOPIA：实时多智能体系统仿真平台

如图 A. 5 所示的 ROBOTOPIA 是一个实时多智能体协作控制仿真软件平台，为群体机器人混杂环境的协作控制提供各种仿真场景。

1：http：//www. k-team. com/mobile-robotics-products/old-products/khepera-iii

2：http：//www. mobilerobots. com/ResearchRobots/P3AT. aspx

3：http：//home. mis. u-picardie. fr/ ~ r-discover/doku. php？id = accueil

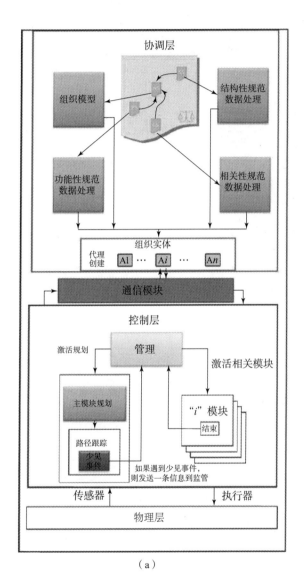

（a）

图 A.5 （a）MAS 控制架构［Mouad 等，2011b］

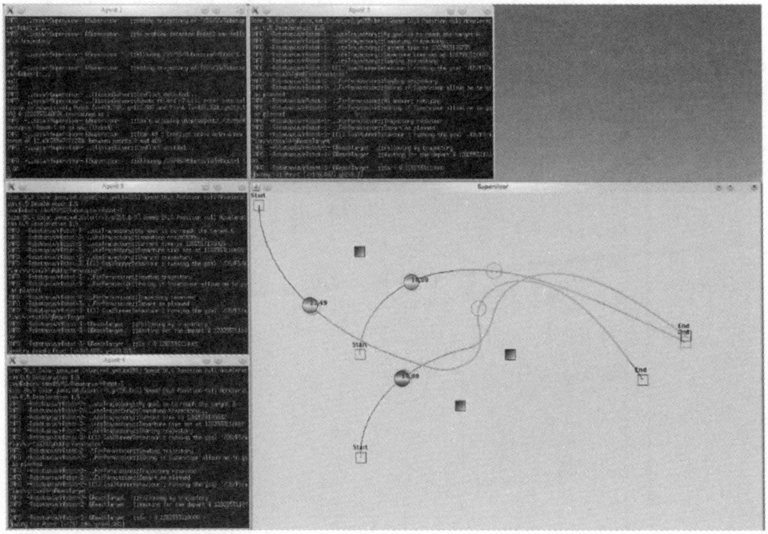

（b）

图 A.5 （b）使用 ROBOTOPIA 进行多机器人
系统仿真［Mouad，2014，第6章］（续）

■ 附录 B

动态系统稳定性理论

B.1　系统稳定性定义

本附录描述了应用于动态系统的稳定性的定义。系统由以下状态方程表示：

$$\dot{x} = f(x) \tag{B.1}$$

式中，$x \in \mathbf{R}^n$ 为系统状态，假设平衡点 $x = 0$。

（1）简单稳定性：系统的初始时间为 $t_0 = 0$，如果满足以下表达式，则原点是稳定的：

$$\forall \epsilon > 0, \exists \delta > 0 : |x(0)| \leqslant \delta \Rightarrow |x(t)| \leqslant \epsilon \quad \forall t \geqslant 0 \tag{B.2}$$

（2）渐近稳定性：如果系统是稳定的，且 δ 可根据下式选择，则系统是渐近稳定的。

$$|x(0)| \leqslant \delta \Rightarrow \lim_{t \to \infty} x(t) \to 0 \tag{B.3}$$

如果对于所有 δ，式（B.3）均成立，则系统是全局渐近稳定的。

（3）指数稳定性：如果满足以下条件，系统是指数级稳定的。

$$\exists \delta > 0, c > 0, \lambda > 0 : |x(0)| \leqslant \delta \Rightarrow |x(t)| \leqslant c|x(0)|e^{-\lambda t} \, \forall t \geqslant 0 \tag{B.4}$$

B.2 李雅普诺夫稳定性定义

方法一：间接方法

李雅普诺夫稳定性理论的第一种方法是基于 $f(x)$ 系统在其平衡点附近的线性化分析。该方法包括分析雅可比矩阵 J 在其平衡点的特征值 $\lambda_i(J)$：

$$J = \frac{\partial f}{\partial x}(0) \tag{B.5}$$

系统稳定性的特性如下：

定理 B.1　李雅普诺夫稳定性方法一

（1）如果 J 矩阵的所有特征值都具有严格的负实部，则系统是指数稳定的。

（2）如果 J 矩阵具有至少一个严格正实部的特征值，则系统不稳定。

如果系统具有至少一个零实部的特征值和具有严格正实部的任何特征值，则不能获得关于稳定性的结论，这种情况下，该系统可以通过李雅普诺夫的第二种方法进行分析。

方法二：直接方法

该方法包括对基本观测的数学解释：如果系统的总能量随时间连续减小/消散，则系统趋于平衡点，即系统稳定。因此，需要找到一个时间正定函数，总是具有负导数。这种直接方法在下面定理中进行了总结。

定理 B.2　李雅普诺夫稳定性方法二

如果存在一个连续可微的函数 V，且其导数 $\dot{V}$ 满足以下条件，则系统平衡点是稳定的：

（1）$V(0) = 0$；

（2）$V(x) > 0 \quad \forall x \neq 0$；

（3）$\dot{V}(x) \leq 0 \quad \forall x \neq 0$。

如果条件（3）被 $\dot{V}(x) < 0$ 替换，则系统是渐近稳定的。

参考文献

[Abbadi et al., 2011] Abbadi, A., Matousek, R., and Petr Minar, P. S. (2011). RRTs review and options. In International Conference on Energy, Environment, Economics, Devices, Systems, Communications, Computers.

[ADAS, 2015] ADAS (2015). Advanced Driver Assistance Systems. http://en. wikipedia. org/wiki/ Advanced_driver_assistance_systems, consulted January 2015.

[Adouane, 2005] Adouane, L. (2005). Architectures de controle comportementales et reactives pour la cooperation d'un groupe de robots mobiles. PhD thesis, Universite de Franche-Comte, LAB CNRS 6596.

[Adouane, 2008] Adouane, L. (2008). An adaptive multi-controller architecture for mobile robot navigation. In 10th IAS, Intelligent Autonomous Systems, 342-347, Baden-Baden, Germany.

[Adouane, 2009a] Adouane, L. (2009a). Hybrid and safe control architecture for mobile robot navigation. In 9th Conference on Autonomous Robot Systems and Competitions, Portugal.

[Adouane, 2009b] Adouane, L. (2009b). Orbital obstacle avoidance algorithm for reliable and on-line mobile robot navigation. Portuguese Journal Robotica N79, automacao. Selected from International Conference on Autonomous Robot Systems and Competitions.

[Adouane, 2010] Adouane, L. (2010). Cooperation bio-inspiree de systemes multi-robots autonomes. Editions universitaires europeennes edition.

[Adouane,2013] Adouane, L. (2013). Towards smooth and stable reactive mobile robot navigation using on-line control set-points. In IEEE/RSJ,IROS'13,5th Workshop on Planning, Perception and Navigation for Intelligent Vehicles, Tokyo-Japan.

[Adouane et al. , 2011] Adouane, L. , Benzerrouk, A. , and Martinet, P. (2011). Mobile robot navigation in cluttered environment using reactive elliptic trajectories. In 18th IFAC World Congress,Milano-Italy.

[Adouane and Le Fort-Piat,2004] Adouane,L. and Le Fort-Piat,N. (2004). Evolutionary parameters optimization for an hybrid control architecture of multicriteria tasks. In International Conference on Robotics and Biomimetics ROBIO,Shenyang-China. In CD,N°365.

[Adouane and Le-Fort-Piat,2004] Adouane,L. and Le-Fort-Piat,N. (2004). Hybrid behavioral control architecture for the cooperation of minimalist mobile robots. In ICRA'04,International Conference on Robotics and Automation,3735-3740,New Orleans-USA.

[Adouane and Le Fort-Piat,2005] Adouane,L. and Le Fort-Piat,N. (2005). Methodology of parameters optimization for an hybrid architecture of control. In 16th IFAC World Congress,Prague-Czech Republic.

[Adouane and Le-Fort-Piat,2006] Adouane,L. and Le-Fort-Piat,N. (2006). Behavioral and distributed control architecture of control for minimalist mobile robots. Journal Européen des Systèmes Automatisés,40(2):177-196.

[Ahmadabadi and Nakano, 2001] Ahmadabadi, M. N. and Nakano, E. (2001). A "constrain and move" approach to distributed object manipulation. IEEE Transactions on Robotics and Automation,17(2):157-172.

[Aicardi et al. ,1995] Aicardi,M. ,Casalino,G. ,Bicchi,A. ,and Balestrino,A. (1995). Closed loop steering of unicycle like vehicles via Lyapunov techniques. Robotics Automation Magazine,IEEE,2(1):27-35.

[Alami et al. , 1998] Alami, R. , Chatila, R. , Fleury, S. , Ghallab, M. , and Ingrand,F. (1998). An architecture for autonomy. International Journal of Robotics Research, 17 (4): 315-337. Special Issue on Integrated Architectures for Robot Control and Programming.

[Albus,1991] Albus,J. (1991). Outline for a theory of intelligence. IEEE Transactions on Systems,21(3):473-509.

［Alfraheed and Al-Zaghameem, 2013］Alfraheed, M. and Al-Zaghameem, A.
（2013）. Exploration and cooperation robotics on the moon. Journal of Signal and
Information Processing, 4 : 253-258.

［Anderson and Donath, 1990］Anderson, T. and Donath, M. （1990）. Animal
behavior as a paradigm for developing robot autonomy. Robotics and Autonomous
Systems, 6 : 145-168.

［Antonelli et al. , 2010］Antonelli, G. , Arrichiello, F. , and Chiaverini, S.
（2010）. Thensb control : A behavior-based approach for multi-robot systems.
PALADYN Journal of Behavioral Robotics, 1 : 48-56.

［Arbib, 1981］Arbib, M. A. （1981）. Perceptual structures and distributed
motor control. In Handbook of Physiology, Section 2 : The Nervous System, II, Motor
Control, Part 1 , 1449-1480.

［Arkin, 1989a］Arkin, R. （1989a）. Towards the unification of navigational
planning and reactive control. In AAAI Spring Symposium on Robot Navigation, 1-5.

［Arkin, 1989b］Arkin, R. C. （1989b）. Motor schema-based mobile robot
navigation. International Journal of Robotics Research, 8（4）: 92-112.

［Arkin, 1998］Arkin, R. C. （1998）. Behavior-Based Robotics. The MIT Press.

［Arrúe et al. , 1997］Arrúe, B. , Cuesta, F. , Braunstingl, R. , and Ollero, A.
（1997）. Fuzzy behaviors combination to control a non-holonomic mobile robot using
virtual perception memory. In Proceedings of the 6th IEEE International Conf. on
Fuzzy Systems, 1239-1244, Barcelona, Spain.

［Aurenhammer, 1991］Aurenhammer, F. （1991）. Voronoi diagrams-a survey
of a fundamental geometric data structure. ACM Computing Surveys, 23（3）:
345-405.

［Bahr, 2009］Bahr, A. （2009）. Cooperative Localization for Autonomous
Underwater Vehicles. PhD thesis, Massachusetts Institute of Technology/Woods Hole
Oceanographic Institution.

［Balch and Arkin, 1999］Balch, T. and Arkin, R. （1999）. Behavior-based
formation control for multi-robot teams. IEEE Transactions on Robotics and
Automation.

［Baldassarre et al. , 2003］Baldassarre, G. , Nolfi, S. , and Parisi, D. （2003）.
Evolution of collective behaviour in a team of physically linked robots. R. Gunther,
A. Guillot, and J. -A. Meyer, Editors, Applications of Evolutionary Computing,
Springer Verlag, Heidelberg, Germany, 581-592.

［Bellman,1957］Bellman,R.（1957）. A Markovian decision process. Journal of Mathematics and Mechanics,6:679-684.

［Bellman et al. ,1959］Bellman,R. ,Holland,J. ,and Kalaba,R.（1959）. On an application of dynamic programming to the synthesis of logical systems. Journal of the ACM（JACM）archive,6(4):486-493.

［Benzerrouk,2010］Benzerrouk,A.（2010）. Architecture de controle hybride pour systemes multi-robots : Application à la navigation en formation d'un groupe de robots mobiles. PhD thesis,Balise Pascal University.

［Benzerrouk et al. ,2010a］Benzerrouk,A. ,Adouane,L. ,Al-Barakeh,Z. ,and Martinet,P.（2010a）. Stabilite globale pour la navigation reactive d'un robot mobile en presence d'obstacles. In CIFA 2010, Sixieme Conference Internationale Francophone d'Automatique,Nancy-France.

［Benzerrouk et al. ,2010b］Benzerrouk,A. ,Adouane,L. ,Lequievre,l. ,and Martinet, P.（2010b）. Navigation of multi-robot formation in unstructured environment using dynamical virtual structures. In IROS'10,IEEE/RSJ International Conference on Intelligent Robots and Systems,5589-5594,Taipei-Taiwan.

［Benzerrouk et al. ,2010c］Benzerrouk,A. ,Adouane,L. ,and Martinet,P.（2010c）. Lyapunov global stability for a reactive mobile robot navigation in presence of obstacles. In ICRA'10 International Workshop on Robotics and Intelligent Transportation System,RITS10,Anchorage-Alaska.

［Benzerrouk et al. ,2012a］Benzerrouk,A. ,Adouane,L. ,and Martinet,P.（2012a）. Altruistic distributed target allocation for stable navigation in formation of multi-robot system. In 10th International IFAC Symposium on Robot Control（SYROCO'12）,Dubrovnik-Croatia.

［Benzerrouk et al. ,2012b］Benzerrouk,A. ,Adouane,L. ,and Martinet,P.（2012b）. Dynamic obstacle avoidance strategies using limit cycle for the navigation of multi-robot system. In 2012 IEEE/RSJ IROS'12,4th Workshop on Planning, Perception and Navigation for Intelligent Vehicles,Vilamoura,Algarve,Portugal.

［Benzerrouk et al. ,2013］Benzerrouk,A. ,Adouane,L. ,and Martinet,P.（2013）. Obstacle avoidance controller generating attainable set-points for the navigation of multi-robot system. In IEEE Intelligent Vehicles Symposium（IV）,Gold Coast-Australia.

［Benzerrouk et al. ,2014］Benzerrouk,A. ,Adouane,L. ,and Martinet,P.（2014）. Stable navigation in formation for a multi-robot system based on a constrained virtual structure. Robotics and Autonomous Systems (RAS), 62(12): 1806-1815.

[Benzerrouk et al., 2008] Benzerrouk, A., Adouane, L., Martinet, P., and Andreff, N. (2008). Toward an hybrid control architecture for a mobile multi-robot systems. In 3rd National Conference on Control Architectures of Robots (CAR08), Bourges-France.

[Benzerrouk et al., 2009] Benzerrouk, A., Adouane, L., Martinet, P., and Andreff, N. (2009). Multi Lyapunov function theorem applied to a mobile robot tracking a trajectory in presence of obstacles. In European Conference on Mobile Robots (ECMR 2009), Milini/Dubrovnik Croatia.

[Berhault et al., 2003] Berhault, M., Huang, H., Keskinocak, P., Koenig, S., Elmaghraby, W., Griffin, P. M., and Kleywegt, A. J. (2003). Robot exploration with combinatorial auctions. In IEEE/RSJ International Conference on Intelligent Robots and Systems, 1957-1962, Las Vegas, Nevada, USA.

[Bertsekas, 1995] Bertsekas, D. P. (1995). Dynamic Programming and Optimal Control, volume 1. Belmont Massachusetts, Athena Scientific.

[Blazic, 2012] Blazic, S. (2012). Four-state trajectory-tracking control law for wheeled mobile robots. In 10th International IFAC Symposium on Robot Control. Croatia.

[Bonabeau et al., 1999] Bonabeau, E., Dorigo, M., and Theraulaz, G. (1999). Swarm Intelligence: From Natural to Artificial Systems. Oxford University Press.

[Bondy and Murty, 2008] Bondy, J. and Murty, U. (2008). Graph theory. Graduate Texts in Mathematics 244. Berlin: Springer. xii, 651 p.

[Bonfè et al., 2012] Bonfè, M., Secchi, C., and Scioni, E. (2012). Online trajectory generation for mobile robots with kinodynamic constraints and embedded control systems. In 10th International IFAC Symposium on Robot Control. Croatia.

[Borja et al., 2013] Borja, R., de la Pinta, J., álvarez, A., and Maestre, J. (2013). Integration of service robots in the smart home by means of UPnP: A surveillance robot case study. Robotics and Autonomous Systems, 61(2):153-160.

[Boufera et al., 2014] Boufera, F., Debbat, F., Adouane, L., and Khelfi Faycal, K. M. (2014). Mobile robot navigation using fuzzy limit-cycles in cluttered environment. International Journal of Intelligent Systems and Applications, (7): 12-21.

209

［Braitenberg, 1984］ Braitenberg, V. （1984）. Vehicles: Experiments in Synthetic Psychology. Cambridge, MA: MIT Press.

［Branicky, 1993］ Branicky, M. S. （1993）. Stability of switched and hybrid systems. In 33rd IEEE Conference on Decision Control, 3498-3503, USA.

［Branicky, 1998］ Branicky, M. S. （1998）. Multiple Lyapunov functions and other analysis tools for switched and hybrid systems. IEEE Transaction on Automatic Control, 43（4）:475-482.

［Brock and Khatib, 1999］ Brock, O. and Khatib, O. （1999）. High-speed navigation using the global dynamic window approach. In IEEE International Conference on Robotics and Automation, 341-346, Detroit, Michigan, USA.

［Brogliato et al. , 1997］ Brogliato, B. , Niculescu, S. , and Orhant （1997）. On the control of finite dimensional mechanical systems with unilateral constraints. IEEE Transactions on Automatic Control, 42（2）:200-215.

［Brooks, 1986］ Brooks, R. A. （1986）. A robust layered control system for a mobile robot. IEEE Journal of Robotics and Automation, RA-2:14-23.

［Buehler et al. , 2009］ Buehler, M. , Iagnemma, K. , and Singh, S. （2009）. The DARPA urban challenge: Autonomous vehicles in city traffic, volume 56. Springer Science & Business Media.

［Burns, 2013］ Burns, L. D. （2013）. Sustainable mobility: A vision of our transport future. Nature, 497（7448）:181-182.

［Busquets et al. , 2003］ Busquets, D. , Sierra, C. , and de Mántaras, R. L. （2003）. A multiagent approach to qualitative landmark-based navigation. Autonomous Robots, 15（2）:129-154.

［Cao et al. , 1997］ Cao, Y. , Fukunaga, A. S. , and Kahng, A. B. （1997）. Cooperative mobile robotics: Antecedents and directions. Autonomous Robots, 4: 1-23.

［Caprari, 2003］ Caprari, G. （2003）. Autonomous micro-robots: Applications and limitations. PhD thesis, Faculté Sciences et Techniques de l'Ingénieur, école Polytechnique Fédérale de Lausanne. Thèse N°2753.

［Cariou et al. , 2010］ Cariou, C. , Lenain, R. , Thuilot, B. , and Martinet, P. （2010）. Autonomous maneuver of a farm vehicle with a trailed implement: Motion planner and lateral-longitudinal controllers. In IEEE International Conference on Robotics and Automation, 3819-3824, Anchorage, Alaska, USA.

［Causse and Pampagnin, 1995］ Causse, O. and Pampagnin, L. （1995）.

Management of a multi-robot system in a public environment. In Proceedings of IEEE/RSJ International Conference on Intelligent Robots and Systems, IROS, 246-252, Pittsburgh, PA, USA.

[Chao et al. , 2012] Chao, Z. , Zhou, S. -L. , Ming, L. , and Zhang, W. -G. (2012). UAV formation flight based on nonlinear model predictive control. Mathematical Problems in Engineering, 2012 : 1-15.

[Chen and Li, 2006] Chen, X. and Li, Y. (2006). Smooth formation navigation of multiple mobile robots for avoiding moving obstacles. International Journal of Control, Automation, 4(4) : 466-479.

[Choset et al. , 2005] Choset, H. , Lynch, K. , Hutchinson, S. , Kantor, G. , Burgard, W. , Kavraki, L. , and Thrun, S. (2005). Principles of Robot Motion : Theory, Algorithms, and Implementation. MIT Press.

[Connell, 1990] Connell, J. H. (1990). Minimalist Mobile Robotics. Academic Press, Londres.

[Connors and Elkaim, 2007] Connors, J. and Elkaim, G. H. (2007). Manipulating b-spline based paths for obstacle avoidance in autonomous ground vehicles. In ION National Technical Meeting, ION NTM 2007, San Diego, CA, USA.

[Consolini et al. , 2008] Consolini, L. , Morbidi, F. , Prattichizzo, D. , and Tosques, M. (2008). Leader-follower formation control of nonholonomic mobile robots with input constraints. Automatica, 44(5) : 1343-1349.

[Dafflon et al. , 2015] Dafflon, B. , Vilca, J. , Gechter, F. , and Adouane, L. (2015). Adaptive autonomous navigation using reactive multi-agent system for control laws merging. Procedia Computer Science. Selected paper from the International Conference on Computational Science ICCS'15 (Reykjavík, Iceland).

[DARPA, 2015] DARPA (2015). Grand Challenge. https : // fr. wikipedia. org/wiki/DARPA_Grand_Challenge, consulted January 2015.

[Das et al. , 2002] Das, A. , Fierro, R. , Kumar, V. , Ostrowski, J. , Spletzer, J. , and Taylor, C. (2002). A vision-based formation control framework. IEEE Transaction on Robotics and Automation, 18(5) : 813-825.

[Dasgupta et al. , 2011] Dasgupta, P. , Whipple, T. , and Cheng, K. (2011). Effects of multi-robot team formations on distributed area coverage. International Journal of Swarm Intelligent Research, 2(1) : 44-69.

[Daviet and Parent, 1997] Daviet, P. and Parent, M. (1997). Platooning for small public urban vehicles. In Khatib, O. and Salisbury, J. , editors, Experimental

Robotics IV, volume 223 of Lecture Notes in Control and Information Sciences, 343-354. Springer Berlin Heidelberg.

[De Maesschalck et al., 2000] De Maesschalck, R., Jouan-Rimbaud, D., and Massart, D. (2000). The Mahalanobis distance. Chemometrics and Intelligent Laboratory Systems, 50(1):1-18.

[Denavit and Hartenberg, 1955] Denavit, J. and Hartenberg, R. S. (1955). A kinematic notation for lower-pair mechanisms based on matrices. Trans. ASME E, Journal of Applied Mechanics, 22:215-221.

[Desai et al., 2001] Desai, J., Ostrowski, J., and Kumar, V. (2001). Modeling and control of formations of nonholonomic mobile robots. IEEE Transaction on Robotics and Automation, 17(6):905-908.

[Dijkstra, 1959] Dijkstra, E. W. (1959). A note on two problems in connexion with graphs. Numerische Mathematik, 1:269-271.

[Do, 2007] Do, K. D. (2007). Formation tracking control of unicycle-type mobile robots. In IEEE International Conference on Robotics and Automation, 2391-2396, Roma, Italy.

[Drogoul, 1993] Drogoul, A. (1993). De la simulation multi-agent à la resolution collective de problèmes : Une étude de l'émergence de structures d'organisation dans les systèmes multi-agents. PhD thesis, Université Paris VI.

[Egerstedt, 2000] Egerstedt, M. (2000). Behavior based robotics using hybrid automata. In Lynch, N. and Krogh, B., editors, Hybrid Systems: Computation and Control, volume 1790 of Lecture Notes in Computer Science, 103-116. Springer Berlin Heidelberg.

[Egerstedt and Hu, 2002] Egerstedt, M. and Hu, X. (2002). A hybrid control approach to action coordination for mobile robots. Automatica, 38(1):125-130.

[El Jalaoui et al., 2005] El Jalaoui, A., Andreu, D., and Jouvencel, B. (2005). A control architecture for contextual tasks management: Application to the AUV taipan. In Oceans 2005-Europe, volume 2, 752-757.

[El-Zaher et al., 2012] El-Zaher, M., Contet, J.-M., Gechter, F., and Koukam, A. (2012). Echelon platoon organisation: A distributed approach based on 2-spring virtual links. In Proceeding of the 15th International Conference on Artificial Intelligence: Methodology, Systems, Applications, Germany.

[Eskandarian, 2012] Eskandarian, A. (2012). Handbook of Intelligent Vehicles. Springer edition.

［EUREKA，1995］EUREKA，E.（1995）. http：// www. eurekanetwork. org/ project/- /id/45.

［Fagnant and Kockelman，2015］Fagnant，D. J. and Kockelman，K.（2015）. Preparing a nation for autonomous vehicles：opportunities，barriers and policy recommendations. Transportation Research Part A：Policy and Practice，77：167-181.

［Fang et al.，2005］Fang，H.，Lenain，R.，Thuilot，B.，and Martinet，P.（2005）. Trajectory tracking control of farm vehicles in presence of sliding. In IEEE/ RSJ International Conference on Intelligent Robots and Systems，58-63，Edmonton，Alberta，Canada.

［Fernández-Madrigal and Claraco，2013］Fernández-Madrigal，J.-A. and Claraco，J. L. B.（2013）. Simultaneous Localization and Mapping for Mobile Robots：Introduction and Methods. IGI Global，Hershey，PA，USA.

［Ferrell，1995］Ferrell，C.（1995）. Global behavior via cooperative local control. Autonomous Robots，2（2）：105-125.

［Firby，1987］Firby，R.（1987）. An investigation into reactive planning in complex domains. In 6th National Conference on Artificial Intelligence，202-206，Seattle.

［Fleury et al.，1993］Fleury，S.，Souères，P.，Laumond，J.-P.，and Chatila，R.（1993）. Primitives for smoothing mobile robot trajectories. In ICRA，832-839.

［Fraichard，1999］Fraichard，T.（1999）. Trajectory planning in a dynamic workspace：A "state time" approach. Advanced Robotics，13（1）：75-94.

［Franco et al.，2015］Franco，C.，Stipanovic，D. M.，Lopez-Nicolas，G.，Sagues，C.，and Llorente，S.（2015）. Persistent coverage control for a team of agents with collision avoidance. European Journal of Control，22：30-45.

［Fukuda et al.，2000］Fukuda，T.，Takagawa，I.，Sekiyama，K.，and Hasegawa，Y.（2000）. chapter Hybrid Approach of Centralized Control and Distributed Control for Flexible Transfer System，65-85. Kluwer Academic Publishers.

［Gasser et al.，2013］Gasser，T. M.，Arzt，C.，Ayoubi，M.，Bartels，A.，Burkle，L.，Eier，J.，Flemisch，F.，Hacker，D.，Hesse，T.，Huber，W.，Lotz，C.，Maurer，M.，Ruth-Schumacher，S.，Schwarz，J.，and Vogt，W.（2013）. Legal consequences of an increase in vehicle automation.（English translation）Bundesanstalt fur Stra.（BASt），BASt-Report F83（Part 1）.

［Gat，1992］Gat，E.（1992）. Integrating planning and reacting in a heterogeneous asynchronous architecture for controlling real-world mobile robots. In Proceedings of AAAI-92,809-815,San Jose,CA,USA.

[Gat,1998] Gat,E. (1998). Three-layer architecture. In D. Kortenkamp,R. B. and Murphy,R. ,editors,Artificial Intelligence and Mobile Robotics,195-210. AAAI Press.

[GCDC,2016] GCDC (2016). Grand Cooperative Driving Challenge. http：// www. gcdc. net/,consulted January 2015.

[Gerkey and Mataric',2002] Gerkey,P. and Mataric',M. J. (2002). Sold！： Auction methods for multirobot coordination. IEEE Transactions on Robotics and Automation,18：758-768.

[Ghommam et al. ,2010] Ghommam,J. ,Mehrjerdi,H. ,Saad,M. ,and Mnif,F. (2010). Formation path following control of unicycle-type mobile robots. Robotics and Autonomous Systems,58(5)：727-736.

[Gim et al. , 2014a] Gim, S. , Adouane, L. , Lee, S. , and Derutin, J. -P. (2014a). Parametric continuous curvature trajectory for smooth steering of the car-like vehicle. In 13th International Conference on Intelligent Autonomous System (IAS-13),Padova -Italy.

[Gim et al. , 2014b] Gim, S. , Adouane, L. , Lee, S. , and Derutin, J. -P. (2014b). Smooth trajectory generation with 4d space analysis for dynamic obstacle avoidance. In 11th International Conference on Informatics in Control, Automation and Robotics (ICINCO'14), Vienna-Austria. Special Session on Intelligent Vehicle Controls and Intelligent Transportation Systems-IVC-ITS 2014.

[Goerzen et al. , 2010] Goerzen, C. , Kong, Z. , and Mettler, B. (2010). A survey of motion planning algorithms from the perspective of autonomous UAV guidance. J. Intell. Robotics Syst. ,57(1-4)：65-100.

[Goodrich and Schultz,2007] Goodrich,M. A. and Schultz,A. C. (2007). Humanrobot interaction：A survey. Found. Trends Hum. -Comput. Interact. ,1(3)： 203-275.

[GoogleCar,2015] GoogleCar (2015). http：//en. wikipedia. org/wiki/Google_ driverless_car,consulted January 2015.

[Grassi Junior et al. ,2006] Grassi Junior,V. ,Parikh,S. ,and Okamoto Junior, J. (2006). Hybrid deliberative/reactive architecture for human-robot interaction. ABCM Symposium Series in Mechatronics,2：563-570.

[Gu and Dolan,2012] Gu,T. and Dolan,J. M. (2012). On-road motion planning for autonomous vehicles. In Su, C. -Y. , Rakheja, S. , and Liu, H. , editors, Intelligent Robotics and Applications, volume 7508. Springer Berlin Heidelberg.

[Guillet et al. , 2014] Guillet, A. , Lenain, R. , Thuilot, B. , and Martinet, P. (2014). Adaptable robot formation control: Adaptive and predictive formation control of autonomous vehicles. IEEE Robotics & Automation Magazine, 21 (1): 28-39.

[Gulati, 2011] Gulati, S. (2011). A framework for characterization and planning of safe, comfortable, and customizable motion of assistive mobile robots. PhD thesis, The University of Texas at Austin.

[Gustavi and Hu, 2008] Gustavi, T. and Hu, X. (2008). Observer-based leaderfollowing formation control using onboard sensor information. IEEE Transactions on Robotics, 24: 1457-1462.

[Güttler et al. , 2014] Güttler, J. , Georgoulas, C. , Linner, T. , and Bock, T. (2014). Towards a future robotic home environment: A survey. Gerontology (International Journal of Experimental, Clinical, Behavioural and Technological Gerontology).

[Harary, 1969] Harary, F. (1969). Graph Theory. Addison-Wesley, Reading, MA.

[Hichri et al. , 2014a] Hichri, B. , Adouane, L. , Fauroux, J. -C. , Mezouar, Y. , and Doroftei, I. (2014a). Cooperative lifting and transport by a group of mobile robots. In Springer Tracts in Advanced Robotics, from International Symposium on Distributed Autonomous Robotic Systems, DARS 2014, Daejeon-Korea.

[Hichri et al. , 2014b] Hichri, B. , Fauroux, J. -C. , Adouane, L. , Doroftei, I. , and Mezouar, Y. (2014b). Lifting mechanism for payload transport by collaborative mobile robots. In 5th European Conference on Mechanism Science (EUCOMES), Guimaraes, Portugal.

[Hichri et al. , 2015] Hichri, B. , Fauroux, J. -C. , Adouane, L. , Doroftei, I. , and Mezouar, Y. (2015). Lifting mechanism for payload transport by collaborative mobile robots. New Trends in Mechanism and Machine Science-Mechanisms and Machine Science, 24: 157-165. Selected paper from International EUCOMES conference.

[Hichri et al. , 2014c] Hichri, B. , Fauroux, J. -C. , Adouane, L. , Mezouar, Y. , and Doroftei, I. (2014c). Design of collaborative cross and carry mobile robots c3bots. Advanced Materials Research, 837: 588-593. Ed. Springer.

〔Hirata et al. , 2002〕 Hirata, Y. , Hatsukari, T. , Kosuge, K. , Asama, H. , Kaetsu, H. , and Kawabata, K. (2002). Transportation of an object by multiple distributed robot helpers in cooperation with a human. Transactions of the Japan Society of Mechanical Engineers, 68(668): 181-188.

〔Hirata et al. , 2007〕 Hirata, Y. , Matsuda, Y. , and Kosuge, K. (2007). Handling of an object in 3-D space by multiple mobile manipulators based on intentional force/moment applied by human. In IEEE/ASME International Conference on Advanced Intelligent Mechatronics, 1-6.

〔Horst and Barbera, 2006〕 Horst, J. and Barbera, A. (2006). Trajectory generation for an on-road autonomous vehicle.

〔Hsu and Liu, 2007〕 Hsu, H. C. -H. and Liu, A. (2007). A flexible architecture for navigation control of a mobile robot. IEEE Transactions on Systems, Man, and Cybernetics, Part A, 37(3): 310-318.

〔Huntsberger et al. , 2003〕 Huntsberger, T. , Pirjanian, P. , Trebi-ollennu, A. , Nayar, H. A. , Ganino, A. J. , Garrett, M. , Joshi, S. , and Schenker, S. P. (2003). Campout: A control architecture for tightly coupled coordination of multi-robot systems for planetary surface exploration. IEEE Trans. Systems, Man & Cybernetics, Part A: Systems and Humans, 33: 550-559.

〔Ider, 2009〕 Ider, M. (2009). Controle/commande par logique floue de la cooperation d'un groupe de robots mobiles pour la navigation en convoi. Master's thesis, MASTER II STIC: Informatique MSIR-RPM-UBP.

〔IP. Data. Sets, 2015〕 IP. Data. Sets, S. (2015). http://ipds.univ-bpclermont.fr.

〔Jie et al. , 2006〕 Jie, M. S. , Baek, J. H. , Hong, Y. S. , and Lee, K. W. (2006). Real time obstacle avoidance for mobile robot using limit-cycle and vector field method. Knowledge-Based Intelligent Information and Engineering Systems.

〔Johansson et al. , 1999〕 Johansson, K. H. , M. , E. , J. , L. , and S. , S. (1999). On the regularization of zeno hybrid automata. Systems & Control Letters, 38: 141-150.

〔Jones and Snyder, 2001〕 Jones, H. L. and Snyder, M. (2001). Supervisory control of multiple robots based on real-time strategy game interaction paradigm. In International Conference on Systems, Man and Cybernetics, 383-388.

〔Kallem et al. , 2011〕 Kallem, V. , Komoroski, A. , and Kumar, V. (2011). Sequential composition for navigating a nonholonomic cart in the presence of

216

obstacles. IEEE Transactions on Robotics,27(6):1152-1159.

［Kanayama et al., 1990］ Kanayama, Y., Kimura, Y., Miyazaki, F., and Noguchi,T. (1990). A stable tracking control method for an autonomous mobile robot. In Proceedings of the IEEE International Conference on Robotics and Automation,384-389.

［Karaman and Frazzoli, 2011］ Karaman, S. and Frazzoli, E. (2011). Samplingbased algorithms for optimal motion planning. International Journal of Robotics Research,30(7):846-894.

［Kendall,1989］ Kendall,D. G. (1989). A survey of the statistical theory of shape. Statistical Science,4:87-99.

［Kenyon and Morton, 2003］ Kenyon, A. S. and Morton, D. P. (2003). Stochastic vehicle routing with random travel times. Transportation Science,37(1): 69-82.

［Khalil,2002］ Khalil,H. K. (2002). Nonlinear Systems. 3rd edition.

［Khalil and Dombre,2004］ Khalil, W. and Dombre, E. (2004). Modeling, Identification and Control of Robots. Hermes Penton.

［Khansari-Zadeh and Billard, 2012］ Khansari-Zadeh, S. -M. and Billard, A. (2012). A dynamical system approach to real-time obstacle avoidance. Autonomous Robots,32:433-454. 10. 1007/s10514-012-9287-y.

［Khatib, 1986］ Khatib, O. (1986). Real-time obstacle avoidance for manipulators and mobile robots. The International Journal of Robotics Research,5: 90-99.

［Kim and Kim,2003］ Kim,D. -H. and Kim,J. -H. (2003). A real-time limit-cycle navigation method for fast mobile robots and its application to robot soccer. Robotics and Autonomous Systems,42(1):17-30.

［Klanˇcar et al.,2011］ Klanˇcar,G. ,Matko,D. ,and Bla? iˇc,S. (2011). A control strategy for platoons of differential drive wheeled mobile robot. Robotics and Autonomous Systems,59(2):57-64.

［Konolige et al. ,1997］ Konolige,K. ,Myers,K. ,Ruspini,E. ,and Saffiotti,A. (1997). The Saphira architecture:A design for autonomy. Journal of Experimental and Theoretical Artificial Intelligence,9:215-235.

［Kruppa et al. , 2000］ Kruppa, H. , Fox, D. , Burgard, W. , and Thrun. , S. (2000). A probabilistic approach to collaborative multirobot localization. Autonomous Robots,8:325-344.

［Kuwata et al. , 2008］ Kuwata, Y. , Fiore, G. A. , Teo, J. , Frazzoli, E. , and How, J. P. （2008）. Motion planning for urban driving using RRT. In Proceedings of the IEEE International Conference on Intelligent Robots and Systems, 1681-1686, Nice, France.

［Labakhua et al. , 2008］ Labakhua, L. , Nunes, U. , Rodrigues, R. , and Leite, F. （2008）. Smooth trajectory planning for fully automated passengers vehicles: Spline and clothoid based methods and its simulation. In Cetto, J. , Ferrier, J. -L. , Costa dias Pereira, J. M. , and Filipe, J. , editors, Informatics in Control Automation and Robotics, volume 15 of Lecture Notes Electrical Engineering, 169-182. Springer Berlin Heidelberg.

［Lategahn et al. , 2011］ Lategahn, H. , Geiger, A. , and Kitt, B. （2011）. Visual SLAM for autonomous ground vehicles. In IEEE International Conference on Robotics and Automation, 1732-1737. IEEE.

［Latombe, 1991］ Latombe, J. -C. （1991）. Robot Motion Planning. Kluwer Academic Publishers, Boston, MA.

［Laumond, 2001］ Laumond, J. -P. （2001）. La Robotique Mobile. Traité IC2 Information-Commande-Communication. Hermès.

［Lavalle, 1998］ Lavalle, S. M. （1998）. Rapidly-exploring random trees: A new tool for path planning. Technical report, Computer Science Dept. , Iowa State University.

［LaValle, 2006］ LaValle, S. M. （2006）. Planning Algorithms. Cambridge Univ. Press.

［Lébraly et al. , 2010］ Lébraly, P. , Deymier, C. , Ait-Aider, O. , Royer, E. , and Dhome, M. （2010）. Flexible extrinsic calibration of non-overlapping cameras using a planar mirror: Application to vision-based robotics. IEEE International Conference on Intelligent Robots and Systems, 5640-5647.

［Léchevin et al. , 2006］ Léchevin, N. , Rabbath, C. , and Sicard, P. （2006）. Trajectory tracking of leader-follower formations characterized by constant line-of-sight angles. Automatica, 42:2131-2141.

［Lee and Litkouhi, 2012］ Lee, J. -W. and Litkouhi, B. （2012）. A unified framework of the automated lane centering/changing control for motion smoothness adaptation. In 15th International IEEE Conference on Intelligent Transportation Systems （ITSC）, 282-287.

［Levinson and Thrun, 2010］ Levinson, J. and Thrun, S. （2010）. Robust vehicle localization in urban environments using probabilistic maps. In IEEE International Conference on Robotics and Automation. Alaska, USA.

［Li et al. , 2005］Li, X. , Xiao, J. , and Cai, Z. （2005）. Backstepping based multiple mobile robots formation control. In IEEE/RSJ International Conference on Intelligent Robots and Systems, 887-892, Edmonton, Alberta, Canada. IEEE.

［Liberzon, 2003］Liberzon, D. （2003）. Switching in Systems and Control. Birkhauser.

［Litman, 2013］Litman, T. （2013）. Autonomous Vehicle Implementation Predictions: Implications for Transport Planning.

［Lozenguez, 2012］Lozenguez, G. （2012）. Stratégies coopératives pour l'exploration et la couverture spatiale pour une flotte de robots explorateurs. PhD thesis, Université de Caen.

［Lozenguez et al. , 2011a］Lozenguez, G. , Adouane, L. , Beynier, A. , Martinet, P. , and Mouaddib, A. I. （2011a）. Calcul distribue de politiques d'exploration pour une flotte de robots mobiles. In JFSMA'11, 19eme Journees Francophones sur les Systemes Multi-Agents, Valenciennes-France.

［Lozenguez et al. , 2011b］Lozenguez, G. , Adouane, L. , Beynier, A. , Martinet, P. , and Mouaddib, A. I. （2011b）. Map partitioning to approximate an exploration strategy in mobile robotics. In PAAMS 2011, 9th International Conference on Practical Applications of Agents and Multi-Agent Systems, Salamanca-Spain. Published after in Advances on Practical Applications of Agents and Multiagent Systems Advances in Intelligent and Soft Computing, 88, 2011, 63-72.

［Lozenguez et al. , 2013a］Lozenguez, G. , Adouane, L. , Beynier, A. , Martinet, P. , and Mouaddib, A. I. （2013a）. Resolution approchee par decomposition de processus decisionnels de markov appliquee a l'exploration en robotique mobile. In JFPDA, 8emes Journees Francophones sur la Planification, la Decision et l'Apprentissage pour la conduite de systemes, Lille-France.

［Lozenguez et al. , 2012a］Lozenguez, G. , Adouane, L. , Beynier, A. , Mouaddib, A. I. , and Martinet, P. （2012a）. Interleaving planning and control of mobiles robots in urban environments using road-map. In 12th International Conference on Intelligent Autonomous System （IAS-12）, Jeju Island-Korea. Published after in Advances in Intelligent Systems and Computing, 193, 2013, 683-691.

［Lozenguez et al. , 2012b］Lozenguez, G. , Adouane, L. , Beynier, A. ,

Mouaddib, A. I. , and Martinet, P. （2012b）. Map partitioning to approximate an exploration strategy in mobile robotics. Multiagent and Grid Systems （MAGS）, 8 （3）:275-288.

［Lozenguez et al. , 2013b］ Lozenguez, G. , Beynier, A. , Adouane, L. , Mouaddib, A. I. , and Martinet, P. （2013b）. Simultaneous auctions for "rendez-vous" coordination phases in multi-robot multi-task mission. In IAT13, IEEE/WIC/ACM International Conference on Intelligent Agent Technology, Atlanta, GA USA.

［Lu and Shladover, 2014］ Lu, X. -Y. and Shladover, S. （2014）. Automated truck platoon control and field test. In Meyer, G. and Beiker, S. , editors, Road Vehicle Automation, Lecture Notes in Mobility, 247-261. Springer International Publishing.

［Luca et al. , 1998］ Luca, A. D. , Oriolo, G. , and Samson, C. （1998）. Feedback controof a nonholonomic car-like robot. In Laumond, J. -P. , editor, Robot Motion Planning and Control, 171-253. Springer-Verlag.

［Maes, 1989］ Maes, P. （1989）. The dynamics of action selection. In Proceedings of the Eleventh International Joint Conference on Artificial Intelligence （IJCAI）, 991-97, Detroit.

［Maes, 1991］ Maes, P. （1991）. A bottom-up mechanism for action selection in an artificiacreature. In by S. Wilson, E. and Arcady-Meyer, J. , editors, From Animals to Animats: Proceedings of the Adaptive Behavior Conference, 238-246, Paris-France. MIT Press.

［Martins et al. , 2012］ Martins, M. M. , Santos, C. P. , Frizera-Neto, A. , and Ceres, R. （2012）. Assistive mobility devices focusing on smart walkers: Classification and review. Robotics and Autonomous Systems, 60（4）:548-562.

［Masoud, 2012］ Masoud, A. A. （2012）. A harmonic potential approach for simultaneous planning and control of a generic UAV platform. Journal of Intelligent and Robotic Systems, （1-4）:153-173.

［Mastellone et al. , 2008］ Mastellone, S. , Stipanovic, D. , Graunke, C. , Intlekofer, K. , and Spong, M. W. （2008）. Formation control and collision avoidance for multiagent non-holonomic systems: Theory and experiments. The International Journal of Robotics Research, 27:107-126.

［Mastellone et al. , 2007］ Mastellone, S. , Stipanovic, D. , and Spong, M. （2007）. Remote formation control and collision avoidance for multi-agent nonholonomic systems. In IEEE International Conference on Robotics and

Automation, 1062- 1067, Italy.

［Mataric, 1992］Mataric, M. J. (1992). Minimizing complexity in controlling a mobile robot population. In IEEE International Conference on Robotics and Automation, 830-835, Nice-France.

［Mataric et al. , 1995］Mataric, M. J. , Nilsson, M. , and Simsarian, K. (1995). Cooperative multi-robots box-pushing. In IEEE International Conference on Intelligent Robots and Systems, volume 3, 556-561.

［Mathews et al. , 2015］Mathews, N. , Valentini, G. , Christensen, A. L. , O'Grady, R. , Brutschy, A. , and Dorigo, M. (2015). Spatially targeted communication in decentralized multirobot systems. Autonomous Robots, 38 (4) : 439-457.

［Memon and Bilal, 2015］Memon, W. A. and Bilal, M. (2015). Fully autonomous flammable gases (MethaneGas) sensing and surveillance robot. In International Conference on Artificial Intelligence, Energy and Manufacturing Engineering, Dubai.

［Mesbahi and Hadaegh, 1999］Mesbahi, M. and Hadaegh, F. (1999). Formation flying control of multiple spacecraft via graphs, matrix inequalities, and switching. In Proceedings of the IEEE International Conference on Control Applications, volume 2, 1211-1216.

［Minguez et al. , 2008］Minguez, J. , Lamiraux, F. , and Laumond, J. -P. (2008). Handbook of Robotics, chapter Motion Planning and Obstacle Avoidance, 827-852.

［Morin and Samson, 2009］Morin, P. and Samson, C. (2009). Control of nonholonomic mobile robots based on the transverse function approach. Transaction on Robotics, 25 : 1058-1073.

［Mouad, 2014］Mouad, M. (2014). Control and management architecture for distributed autonomous Systems: Application to multiple mobile vehicles based platform. PhD thesis, Balise Pascal University.

［Mouad et al. , 2012］Mouad, M. , Adouane, L. , Khadraoui, D. , and Martinet, P. (2012). Mobile robot navigation and obstacles avoidance based on planning and re-planning algorithm. In 10th International IFAC Symposium on Robot Control (SYROCO'12), Dubrovnik-Croatia.

［Mouad et al. , 2010］Mouad, M. , Adouane, L. , Schmitt, P. , Khadraoui, D. , Gateau, B. , and Martinet, P. (2010). Multi-agent based system to coordinate mobile teamworking robots. In 4th Companion Robotics Workshop, Brussels, Belgium.

［Mouad et al. ,2011a］Mouad, M. , Adouane, L. , Schmitt, P. , Khadraoui, D. , and Martinet, P. （2011a）. Control architecture for cooperative mobile robots using multi-agent based coordination approach. In CAR'11, 6th National Conference on "Control Architectures of Robots", Grenoble, France.

［Mouad et al. ,2011b］Mouad, M. , Adouane, L. , Schmitt, P. , Khadraoui, D. , and Martinet, P. （2011b）. Mas2car architecture：Multi-agent system to control and coordinate teamworking robots. In ICINCO'11, 8th International Conference on Informatics in Control, Automation and Robotics, Nederlands.

［Muñoz, 2003］Muñoz, A. （2003）. Coopération située ：Une approche constructiviste de la conception de colonies de robots. PhD thesis, Université Pierre et Marie Curie, Paris VI.

［Murata and Kurokawa, 2012］Murata, S. and Kurokawa, H. （2012）. Self-Organizing Robots, volume 77 of Tracts in Advanced Robotics. Springer.

［Murphy, 2012］Murphy, R. R. （2012）. A decade of rescue robots. In IEEE/RSJ International Conference onIntelligent Robots and Systems, 5448-5449.

［Murray, 2007］Murray, R. （2007）. Recent research in cooperative control of multivehicle systems. J. Dyn. Sys. , Meas. , Control, 129（5）:571-583.

［NHTSA, 2013］NHTSA （2013）. National Highway Traffic Safety Administration：Preliminary Statement of Policy Concerning Automated Vehicles-USA.

［Noreils, 1993］Noreils, F. R. （1993）. Toward a robot architecture integrating cooperation between mobile robots：Application to indoor environment. International Journal of Robotics Research, 12（1）:79-98.

［Ogren et al. , 2002］Ogren, P. , Fiorelli, E. , and E. , L. N. （2002）. Formations with a mission：Stable coordination of vehicle group maneuvers. In 15th International Symposium on Mathematical Theory of Networks and Systems.

［Ogren and Leonard, 2005］Ogren, P. and Leonard, N. E. （2005）. A convergent dynamic window approach to obstacle avoidance. IEEE Transactions on Robotics, 21（2）:188-195.

［Ordonez et al. , 2008］Ordonez, C. , Jr. , E. G. C. , Selekwa, M. F. , and Dunlap, D. D. （2008）. The virtual wall approach to limit cycle avoidance for unmanned ground vehicles. Robotics and Autonomous Systems, 56（8）:645-657.

［Ota, 2006］Ota, J. （2006）. Multi-agent robot systems as distributed autonomous systems. Advanced Engineering Informatics,20:59-70.

[Papadimitratos et al. ,2008] Papadimitratos,P. ,Poturalski,M. ,Schaller,P. , Lafourcade, P. , Basin, D. , Capkun, S. , and Hubaux, J. -P. (2008). Secure Neighborhood Discovery: A Fundamental Element for Mobile Ad Hoc Networking. IEEE Communications Magazine,46(2):132-139.

[Parker,1996] Parker,L. (1996). On the design of behavior-based multi-robot teams. Journal of Advanced Robotics,10:547-578.

[Parker,2009] Parker,L. (2009). Encyclopedia of Complexity and System Science[online],chapter Path Planning and Motion Coordination in Multiple Mobile Robot Teams,5783-5799. Springer.

[Parker,1998] Parker,L. E. (1998). ALLIANCE: An architecture for fault tolerant multi-robot cooperation. IEEE Transactions on Robotics and Automation,14 (2):220-240.

[Parker,1999] Parker,L. E. (1999). Adaptive heterogeneous multi-robot teams. In Neurocomputing,special issue of NEURAP'98: Neural Networks and Their Applications,volume 28,75-92.

[Pesterev,2012] Pesterev,A. V. (2012). Stabilizing control for a wheeled robot following a curvilinear path. In 10th International IFAC Symposium on Robot Control. Croatia.

[Pirjanian, 2000] Pirjanian, P. (2000). Multiple objective behavior-based control. Journal of Robotics and Autonomous Systems,31(1):53-60.

[Pirjanian and Mataric,2001] Pirjanian,P. and Mataric,M. (2001). Multiple objective vs. fuzzy behavior coordination. In Driankov,D. and Saffiotti,A. ,editors, Fuzzy Logic Techniques for Autonomous Vehicle Navigation,volume 61 of Studies in Fuzziness and Soft Computing,235-253. Physica-Verlag HD.

[Pivtoraiko and Kelly,2009] Pivtoraiko,M. and Kelly,A. (2009). Fast and feasible deliberative motion planner for dynamic environments. In International Conference on Robotics and Automation. Workshop on Planning in Dynamic Environments.

[Porrill,1990] Porrill,J. (1990). Fitting ellipses and predicting confidence envelopes using a bias corrected kalman filter. Image and Vision Computing,8(1): 37-41.

[Ranganathan and Koenig,2003] Ranganathan,A. and Koenig,S. (2003). A reactive robot architecture with planning on demand. In IEEE/RSJ International

Conference on Intelligent Robots and Systems, 1462-1468, Las Vegas, Nevada, USA.

［Ridao et al. , 1999］ Ridao, P. , Batlle, J. , Amat, J. , and Roberts, G. N. (1999). Recent trends in control architectures for autonomous underwater vehicles. Int. J. Systems Science, 30(9):1033-1056.

［Rimon and Daniel. Koditschek, 1992］ Rimon, E. and Daniel. Koditschek (1992). Exact robot navigation using artificial potential fields. IEEE Transactions on Robotics and Automation, 8(5):501-518.

［Rodriguez, 2014］ Rodriguez, G. S. (2014). Detection based on laser range data andsegmentation for an autonomous vehicle. Master's thesis, MASTER II: ERASMUS between Valladolid (Espagne) and UBP Universities.

［Rouff and Hinchey, 2011］ Rouff, C. and Hinchey, M. (2011). Experience from the DARPA Urban Challenge. Springer Publishing Company, Incorporated.

［Royer et al. , 2007］ Royer, E. , Lhillier, M. , Dhome, M. , and Lavest, J. -M. (2007). Monocular vision for mobile robot localization and autonomous navigation. Journal of Computer Vision, 74(3):237-260.

［SAE, 2015］ SAE (2015). International J3016: Taxonomy and Definitions for Terms Related to On-Road Motor Vehicle Automated Driving Systems. http://standards. sae. org/j3016_201401, consulted January 2015.

［Saffiotti et al. , 1993］ Saffiotti, A. , Ruspini, E. , and Konolige, K. (1993). Robust execution of robot plans using fuzzy logic. In Springer-Velag, editor, Fuzzy Logic in Artificial Intelligence: IJCAI'93 Workshop, 24-37, Chambéry-France.

［Samson, 1995］ Samson, C. (1995). Control of chained systems: Application to path following and time-varying point-stabilization of mobile robots. IEEE Transactions on Automatic Control, 40(1):64-77.

［Seeni et al. , 2010］ Seeni, A. , Schäfer, B. , and Hirzinger, G. (2010). Robot mobility systems for planetary surface exploration-state-of-the-art and future outlook: A literature survey. INTECH Open Access Publisher.

［Segundo and Sendra, 2005］ Segundo, F. S. and Sendra, J. R. (2005). Degree formulae for offset curves. Journal of Pure and Applied Algebra, 195(3):301-335.

［Sezen, 2011］ Sezen, B. (2011). Modeling automated guided vehicle systems in material handling. Otomatiklestirilmi Rehberli Arac Sistemlerinin Transport Tekniginde Modellemesi, Dou Universitesi Dergisi, 4(2):207-216.

［Shames et al. , 2011］ Shames, I. , Deghat, M. , and Anderson, B. (2011).

224

Safe formation control with obstacle avoidance. In IFAC World Congress, Milan-Italy.

[Siciliano and Khatib, 2008] Siciliano, B. and Khatib, O., editors (2008). Springer Handbook of Robotics, Part E-34. Springer.

[Siegwart et al., 2011] Siegwart, R., Nourbakhsh, I., and Scaramuzza, D. (2011). Introduction to Autonomous Mobile Robots. Intelligent robotics and autonomous agents, MIT Press. MIT Press.

[Sigaud and Gérard, 2000] Sigaud, O. and Gérard, P. (2000). The use of roles in a multiagent adaptive simulation. In Proceedings of the 14th European Conference in Artificial Intelligence, Workshop on Balancing reactivity and Social Deliberation in Multiagent Systems, Berlin, Germany.

[Simonin, 2001] Simonin, O. (2001). Le modèle satisfaction-altruisme : Coopération et résolution de conflits entre agents situés réactifs, application à la robotique. PhD thesis, Université Montpellier II.

[Simpkins and Simpkins, 2014] Simpkins, A. and Simpkins, C. (2014). Rescue robotics [on the shelf]. Robotics Automation Magazine, IEEE, 21 (4): 108-109.

[Siouris, 2004] Siouris, G. M. (2004). Missile Guidance and Control Systems. Springer-Verlag.

[Soltan et al., 2011] Soltan, R. A., Ashrafiuon, H., and Muske, K. R. (2011). Odebased obstacle avoidance and trajectory planning for unmanned surface vessels. Robotica, 29: 691-703.

[Speers and Jenkin, 2013] Speers, A. and Jenkin, M. (2013). Diver-based control of a tethered unmanned underwater vehicle. In Ferrier, J. -L., Gusikhin, O. Y., Madani, K., and Sasiadek, J. Z., editors, ICINCO (2), 200-206. SciTePress.

[Springer, 2013] Springer, P. J. (2013). Military Robots and Drones: A Reference Handbook. ABC-CLIO.

[Stoeter et al., 2002] Stoeter, S. A., Rybski, P. E., Stubbs, K. N., McMillen, C. P., Gini, M., Hougen, D. F., and Papanikolopoulos, N. (2002). A robot team for surveillance tasks: Design and architecture. Robotics and Autonomous Systems, 40(2-3): 173-183.

[Szczerba et al., 2000] Szczerba, R. J., Galkowski, P., Glickstein, I. S., and Ternullo, N. (2000). Robust algorithm for real-time route planning. IEEE Transactions on Aerospace and Electronics Systems, 36: 869-878.

[Takahashi et al., 2010] Takahashi, M., Suzuki, T., Shitamoto, H., Moriguchi,

T. , and Yoshida, K. （2010）. Developing a mobile robot for transport applications in the hospital domain. Robotics and Autonomous Systems, 58（7）: 889-899. Advances in Autonomous Robots for Service and Entertainment.

［Tang et al. , 2006］ Tang, H. , Song, A. , and Zhang, X. （2006）. Hybrid behavior coordination mechanism for navigation of reconnaissance robot. In IEEE/ RSJ International Conference on Intelligent Robots and Systems, 1773-1778, Beijing, China.

［Thrun, 2011］ Thrun, S. （2011）. IEEE Spectrum, How Google's Self-Driving Car Works, http: // spectrum. ieee. org/ automaton/ robotics/ artificial-intelligence/ howgoogle-self-driving-car-works.

［Thrun et al. , 2005］ Thrun, S. , Burgard, W. , and Fox, D. （2005）. Probabilistic Robotics （Intelligent Robotics and Autonomous Agents）. The MIT Press.

［Thrun et al. , 2007］ Thrun, S. , Montemerlo, M. , Dahlkamp, H. , Stavens, D. , Aron, A. , Diebel, J. , Fong, P. , Gale, J. , Halpenny, M. , Hoffmann, G. , et al. （2007）. Stanley: The robot that won the DARPA Grand Challenge. In The 2005 DARPA Grand Challenge, 1-43. Springer.

［Toibero et al. , 2007］ Toibero, J. , Carelli, R. , and Kuchen, B. （2007）. Switching control of mobile robots for autonomous navigation in unknown environments. In IEEE International Conference on Robotics and Automation, 1974-1979, Roma, Italy.

［Toutouh et al. , 2012］ Toutouh, J. , Garcia-Nieto, J. , and Alba, E. （2012）. Intelligent OLSR routing protocol optimization for vanets. IEEE Transactions on Vehicular Technology, 61（4）: 1884-1894.

［Van den Berg and Overmars, 2005］ Van den Berg, J. and Overmars, M. （2005）. Roadmap-based motion planning in dynamic environments. IEEE Transactions on Robotics, 21: 885-897.

［VANET, 2015］ VANET （2015）. VANET （Vehicular ad hoc network）. http: // en. wikipedia. org/ wiki/ Vehicular_ad_hoc_network, consulted January 2015.

［Vaz et al. , 2010］ Vaz, D. A. , Inoue, R. S. , and Grassi Jr. , V. （2010）. Kinodynamic motion planning of a skid-steering mobile robot using RRTs. In Proceedings of the Latin American Robotics Symposium and Intelligent Robotics Meeting, LARS'10, 73-78, Sao Bernardo do Campo, Brazil. IEEE Computer Society.

［Vilca et al. , 2012a］ Vilca, J. , Adouane, L. , Benzerrouk, A. , and Mezouar, Y.

(2012a). Cooperative on-line object detection using multi-robot formation. In 7th National Conference on Control Architectures of Robots (CAR'12), Nancy-France.

[Vilca et al., 2013a] Vilca, J., Adouane, L., and Mezouar, Y. (2013a). Reactive navigation of mobile robot using elliptic trajectories and effective on-line obstacle detection. Gyroscopy and Navigation, 4(1):14-25. Springer Verlag, Russia ISSN 2075 1087.

[Vilca et al., 2012b] Vilca, J.-M., Adouane, L., and Mezouar, Y. (2012b). On-line obstacle detection using data range for reactive obstacle avoidance. In 12th International Conference on Intelligent Autonomous System (IAS-12), Jeju Island-Korea. Published after in Advances in Intelligent Systems and Computing, 193, 2013, 3-13.

[Vilca et al., 2012c] Vilca, J.-M., Adouane, L., and Mezouar, Y. (2012c). Robust on-line obstacle detection using data range for reactive navigation. In 10th International IFAC Symposium on Robot Control (SYROCO'12), Dubrovnik-Croatia.

[Vilca et al., 2014] Vilca, J.-M., Adouane, L., and Mezouar, Y. (2014). Adaptive leader-follower formation in cluttered environment using dynamic target reconfiguration. In Springer Tracts in Advanced Robotics, from International Symposium on Distributed Autonomous Robotic Systems, DARS 2014, Daejeon-Korea.

[Vilca et al., 2015a] Vilca, J.-M., Adouane, L., and Mezouar, Y. (2015a). A novel safe and flexible control strategy based on target reaching for the navigation of urban vehicles. Robotics and Autonomous Systems (RAS), 70:215-226.

[Vilca et al., 2015b] Vilca, J.-M., Adouane, L., and Mezouar, Y. (2015b). Optimal multi-criteria waypoint selection for autonomous vehicle navigation in structured environment. Journal of Intelligent & Robotic Systems (JIRS), 1-24.

[Vilca et al., 2013b] Vilca, J.-M., Adouane, L., Mezouar, Y., and Lebraly, P. (2013b). An overall control strategy based on target reaching for the navigation of a urban electric vehicle. In IEEE/RSJ, IROS'13, International Conference on Intelligent Robots and Systems, Tokyo-Japan.

[Vilca Ventura, 2015] Vilca Ventura, J. M. (2015). Safe and Flexible Hybrid Control Architecture for the Navigation in Formation of a Group of Vehicles. PhD thesis, Balise Pascal University.

[Vine et al., 2015] Vine, S. L., Zolfaghari, A., and Polak, J. (2015). Autonomous cars: The tension between occupant experience and intersection capacity. Transportation Research Part C: Emerging Technologies, 52:1-14.

［Voth，2004］Voth，D. （2004）. A new generation of military robots. Intelligent Systems，IEEE，19（4）:2-3.

［Walter，1953］Walter，W. G. （1953）. The Living Brain. W. W. Norton, New York.

［Walton and Meek，2005］Walton，D. J. and Meek，D. S. （2005）. A controlled clothoid spline. Computers & Graphics，29（3）:353-363.

［Wang，2011］Wang，Zhiying，D. X. R. A. G. A. （2011）. Mobility analysis of the typical gait of a radial symmetrical six-legged robot. Mechatronics，21（7）: 1133-1146.

［Wang and Liua，2008］Wang，M. and Liua，J. N. （2008）. Fuzzy logic-based realtime robot navigation in unknown environment with dead ends. Robotics and Autonomous Systems，56（7）:625-643.

［Welzl，1991］Welzl，E. （1991）. Smallest enclosing disks （balls and ellipsoids）. In Results and New Trends in Computer Science，359-370. Springer-Verlag.

［Wilber，1972］Wilber，B. M. （1972）. A shakey primer. Technical report, Stanford Research Institute，333 Ravenswood Ave，Menlo Park，CA 94025.

［Williams，1988］Williams，M. （1988）. PROMETHEUS: The European research programme for optimising the road transport system in Europe. In IEEE Colloquium on Driver Information，1/1-1/9.

［Wu et al. ，2014］Wu，F. ，Liu，S. ，and Mu，W. J. （2014）. A tracked robot for complex environment detecting. In Applied Mechanics and Materials，volume 670, 1389-1392. Trans Tech Publ.

［Yamada and Saito，2001］Yamada，S. and Saito，J. （2001）. Adaptive action selection without explicit communication for multirobot box-pushing. IEEE Transaction on Systems，Man and Cybernetics，Part C: Application And Reviews，31 （3）:398-404.

［Yeomans，2010］Yeomans，G. （2010）. Autonomous Vehicles: Handing over Control: Risks and Opportunities in Insurance. Lloyd's exposure management edition.

［Yoshikawa，2010］Yoshikawa，T. （2010）. Multifingered robot hands: Control for grasping and manipulation. Annual Reviews in Control，34（2）:199-208.

［Zapata et al. ，2004］Zapata，R. ，Cacitti，A. ，and Lepinay，P. （2004）. DVZ-based collision avoidance control of non-holonomic mobile manipulators. JESA,

European Journal of Automated Systems,38(5):559-588.

[Ze-su et al. , 2012] Ze-su, C. , Jie, Z. , and Jian, C. (2012). Formation control and obstacle avoidance for multiple robots subject to wheel-slip. International Journal of Advanced Robotic Systems,9:1-15.

[Zefran and Burdick,1998] Zefran,M. and Burdick,J. W. (1998). Design of switching controllers for systems with changing dynamics. In IEEE Conference on Decision and Control CDC'98,volume 2,2113-2118,FL,USA.

[Zhang,1997] Zhang,Z. (1997). Parameter estimation techniques: A tutorial with application to conic fitting. Image and Vision Computing,15:59-76.

[Ziegler et al. , 2008] Ziegler, J. , Werling, M. , and Schroeder, J. (2008). Navigating car-like robots in unstructured environment using an obstacle sensitive cost function. In Proc. IEEE Intelligent Vehicle Sympsium (IV),787-791,Netherlands.

计算机科学与工程

《自主车辆导航：从行为到混合多控制器架构》研究基于多控制器架构的全自主机器人导航方法，机器人运动环境包括高度动态混杂环境。本书介绍了多种不同的机器人复杂任务实现的新方法和概念。

作者分析了现有的多种基本控制器/方法，并在考虑架构安全性、灵活性和稳定性的基础上提出了管理多控制器架构交互机制。研究内容涵盖了目标到达/跟踪、瞬时短期和长期轨迹/路点规划、机器人编队协作与交互控制系统的子任务建模、可靠的避障控制、合适可行的稳定控制方法等关键技术。作者主要提供了移动机器人任务建模、规划与控制过程的 MATLAB/SIMULINK 源代码，同时可以下载到书中开展的仿真和实车测试实验视频。

本书主要特点：

（1）介绍复杂环境中渐进地提高无人车自主控制性能的新方法。

（2）总结了自主无人车主要研究进展与挑战。

（3）解释了新提出的多控制器架构及其组成模块设计方法。

（4）涵盖了与任务建模、规划和控制的基本模块，可用于机器人、自动控制、计算机科学课程教学。

（5）介绍了单个机器人导航和多机器人系统导航控制方法。

（6）进行了大量仿真和实车测试来说明验证提出的方法。

除灵活的自下而上的构建方式，多控制器架构能够规范地进行复杂环境中实现可靠导航方法的稳定性分析。本书提出了一种新的在具有挑战性的场景中进行全自主导航的控制架构。

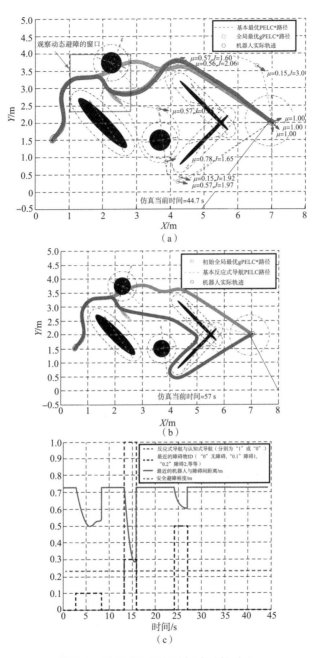

图 4.6　反应式导航与认知式导航对比

(a)认知到动态避障到最终认知式导航;(b)认知到动态避障到反应式导航;
(c),(d)仿真性能参数

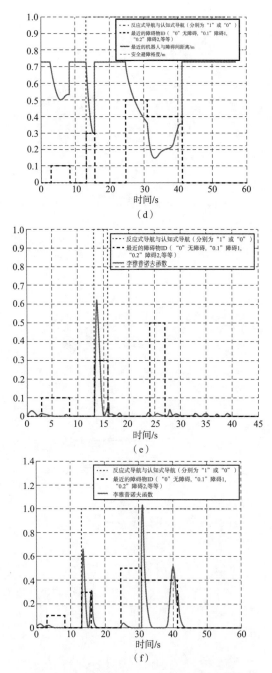

图4.6　反应式导航与认知式导航对比(续)

(c),(d)仿真性能参数;(e),(f)李雅普诺夫函数变化过程

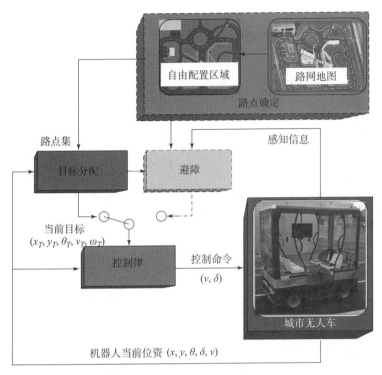

图 5.3　进行顺序目标达到自主车辆导航的多控制器架构

图 5.27　实验图片

图 6.24　最终论证在安全编队项目(SafePlatoon project)中给出

最终示范–SafePlatoon项目 2014年9月26日

（a）

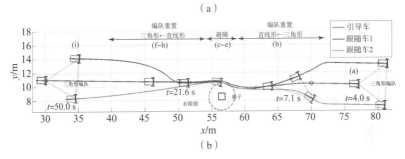

（b）

图6.24 最终论证在安全编队项目（SafePlatoon project）中给出（续）